세라믹 센서

오감을 초월하는 지능소자

야나기다 히로아키 지음
이능헌 옮김

전파과학사

머리말

인류가 지금 제2차 석기 시대를 맞이하고 있음을 본인의 저서 『파인 세라믹스』(1982)에서 소개한 바 있다. 제1차 석기 시대와 제2차 석기 시대의 차이점은 인공으로 만들어지는 돌인 세라믹스가 단순히 용기나 도구로서 사용되는 것 외에 정보화 사회에 있어서 기술이 관건이 될 지능소자로서 사용되고 있다는 점이다. 지능을 갖는 세라믹스로서는 전자 디바이스에 이용되고 있는 것도 있다. 즉, 집적회로용의 기판 재료나 각종 센서 재료 등이 그것이다. 세라믹스는 내열성(耐熱性), 내식성(耐蝕性), 내마모성(耐摩耗性)이라는 특성으로 인해 많이 이용되어 왔지만 이러한 특성 외에도 전자 기능, 광학 기능, 화학 기능 등 '두뇌'도 우수한 재료라 할 수 있다. 더구나 세라믹스는 인간을 대신하여 '감지(感知)'하는 것이 가능한 각종 센서로서도 폭넓게 이용되고 있다. 인간 중에 힘이 세고 감성(感性)도 풍부하며, 지능도 우수한 사람이 있는 것처럼 세라믹스에도 '느끼고', '생각하는' 것이 가능하도록 지능화한 것도 있다.

기술은 자연의 이치를 정확히 이해하고 설명하는 과학에 기반을 두고 있으며, 또한 자연의 교묘한 이치가 문명의 진보를 위해 발휘되도록 하는 데 그 목적이 있다. 자연의 오묘한 이치의 작은 모형으로서 가장 적합한 것은 실로 인간 그 자체인 것이다. 현재의 기술은 인간 자신이 가지고 있는 우수한 면은 살려서 이용하고, 인간에게 부족한 면은 극복하기 위해 노력하고 있다. 인간은 '생각하는 동물'이라고 한다. 그러나 생각만 하고 있는 것은 아니다. 우선 외계로부터 정보를 수집한다. 이때의 수단으로서 눈, 코, 귀 등의 오감(五感)이 사용된다. 수집된 정보는 뇌에 기억되거나 혹은 뇌에서 처리된다. 인간은 감지하고 기억하고 생각한다. 그리고 그 생각을 바탕으로 행동함으로써 생물체로서 살아가고 있는 것이다.

현대를 정보화 사회라고 하는 말을 자주 듣게 된다. 정보라고 하면 누구나 컴퓨터를 생각하게 되는데 이는 인간의 뇌에 해당한다. 아무리 우수한 뇌가 있어도 거기에 입력되는 풍부한 정보가 없다면 별다른 역할을 할 수 없다. 여기에는 외계의 정보를 검지하여 신경을 통해 뇌로 보낼 수 있도록 변환하는 기관이 필요하다. 인간에 있어서는 이것이 바로 오관(五官)이며 센서는 이 오관에 상당하는 것이다. 따라서 센서의 좋고 나쁨이 컴퓨터의 질을 좌우한다고 볼 때 그 역할은 매우 중요하다고 할 수 있다.

오관에 있어서 요구되는 특성의 첫 번째는 당연한 것이지만 물체, 냄새, 맛 등의 정보를 검지하여 신경을 통해 뇌에 전하기 쉬운 에너지의 형태로 변환하는 기능이다. 최근 동물에 있어서 신경 전달의 기구가 점차 해명되고 있기 때문에, 센서의 경우에 있어서도 어떻게 해서든지 이 기구를 센서에 접목시키고자 하는 시도가 이루어지고 있다. 일렉트로닉스에 있어서 가장 좋은 전달 수단은 전기신호를 이용하는 것이다. 그래서 센서를 '외계의 정황을 검지하여 전기신호로 변환하는 기능소자'라고 정의하고 있다.

이 기능소자로서의 소재에는 실로 많은 것이 있다. 물론 생물체에 있어서 지각을 지배하는 오관도 여기에 포함되는데, 이것은 신경에 있어서는 정보전달 기구도 본질적으로는 전기신호의 전달로 생각되고 있기 때문이다. 그러나 생물에는 약점이 있다. 그것은 엄격하고 혹독한 환경에 견디어 낼 수 없다는 점이다. 생물이 아닌 것으로서 센서가 될 만한 것은 없을지 탐구하는 것도 기술이 지향하는 하나의 방향이라고 할 수 있다. 튼튼하고 내구성이 있으며 지각능력도 있는 소재는 없을까 하여 착안한 것이 바로 '지능 세라믹스'이다. 이 지능은 환경의 변화에 의해 좀처럼 열화(劣化)되지 않는 특징이 있다. 바로 인간이 계속해서 동경해 왔던 이상의 하나가 이제 세라믹 센서로 실현되려고 하고 있는 것이다. 인간 자신을 모델로 하여 발상된 것이 세라믹 센서이지만 이제 인간의 능력을 초월하려 하고 있다. 적어도 감지한다는 점에 있어서는 말이다.

튼튼하고 확실하고 그리고 민감한 센서가 개발된다면 미리 방지될 수 있는 사고는 수없이 많다. 프로판 가스 폭발, 맨홀에서의 작업 중 산소 결핍으로 인한 사망, 일산화탄소 중독, 교통사고 등등. 이들 사고가 신문 또는 TV의 뉴스로 보도되지 않는 날은 거의 없을 정도이다. 인간의 오감으로는 프로판 가스의 냄새를 맡을 수 없다. 산소 결핍으로 인해 고통을 느끼게 될 때는 이미 몸을 움직일 수 없게 된다. 일산화탄소도 마찬가지이다. 인간이 발명한 교통수단의 스피드에 인간의 오감이 대응할 수 없게 되었다. 환경이 변하면 생물인 인류도 진화되어야 하겠지만 인간이 새롭게 만들어 낸 문명이 생물학적인 진화를 훨씬 앞지르는 상황이 되었다. 그럴수록 인간은 더욱 지혜를 발휘해서 이 문명에 대응해야 한다.

센서의 경우 오감을 기술의 힘으로 갈고닦아 새로운 감각을

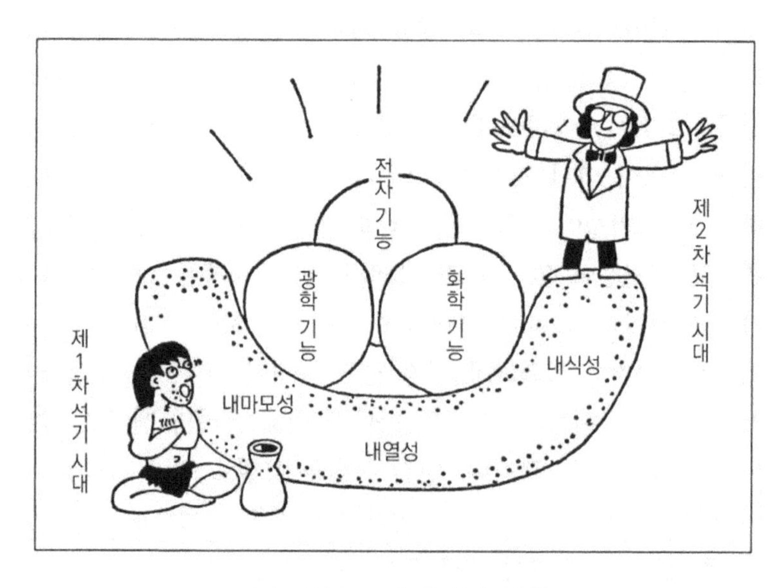

이제 바야흐로 제2차 석기 시대!

창조해 내는 방법뿐이다. 어쩌면 이것이 인류가 진화하는 것인지도 모르겠다. 의복을 발명해서 동물의 모피를 대신했던 것처럼 센서를 개발해서 새로운 환경에 적응할 수 있는 오감을 만들어 내야 한다. 지혜가 있는 동물은 서서히 동물학적으로 진화하는 것이 아니라 지혜를 발휘해서 기술적, 공학적으로 스스로를 진화시키는 것이다.

튼튼하고 내구력 있는 세라믹 센서의 용도는 한없이 넓다. 우선 불행하게도 어떤 원인에 의해 오관의 일부를 잃어버리게 된 인간을 위해, 오관을 대신하여 세라믹 센서가 그 역할을 수행할 수 있을 것이다. 그리고 인간에게 구비되어 있지 않은 새로운 감각을 만들어 낼 수도 있을 것이다. 앞에서 언급한 일산화탄소 센서 등은 이의 한 예라고 볼 수 있다. 또 인간의 한계를 초월하는 가혹한 환경, 예를 들어 용광로 내부와 같은 곳에서 정보를 수집하는 것도 가능할 것이다. 즉, 공업용 각종 센서의 경우 로봇에 이들 센서를 장착한다면 지열이 높은 지하나 압력이 높은 해저, 고진공(高眞空)의 우주공간에서도 로봇이 그 역할을 수행할 수 있을 것이다. 이는 인류가 로봇을 사용해서 새로운 환경을 개척할 수 있음을 의미하는 것이다. 이처럼 엄격한 환경에서 견디어 낼 수 있는 센서 본체는 무엇으로 만들 수 있을지 생각해 보면 역시 튼튼하고 내구성이 강한 세라믹스가 적격이라고 할 수 있다. 뇌에 해당하는 컴퓨터도 튼튼해야 한다는 것은 당연한 일이다. 생물을 초월한 생명체, 그것은 세라믹스로 만들어진 두뇌와 우감과 신체를 갖는 로봇인 것이다.

인간은 좋은 환경에서 지혜를 발휘하여 살아가야 한다. 고집스럽게 생명을 단축하면서까지 일해야만 했던 환경을 세라믹 로봇의 활약에 맡겨 두는 것이 좋을 것이다. 생물의 오감을 초월하는 세라믹 센서, 이것이 미래세계에 있어서의 안테나가 될 것임에 틀림없다.

이 책을 쓰는 데 있어서 하나의 시도를 해 보았다. 문장에 의한 설명은 최소한도로 줄이고 도표나 그림을 이용해서 웬만하면 눈으로 보아 이해할 수 있도록 했다. 독자는 문장 이외의 도표나 그림을 훑어보는 것만으로도 세라믹 센서에 대한 식견을 얻을 수 있으리라고 확신한다.

야나기다 히로아키

차례

1장
세라믹스의 기초지식

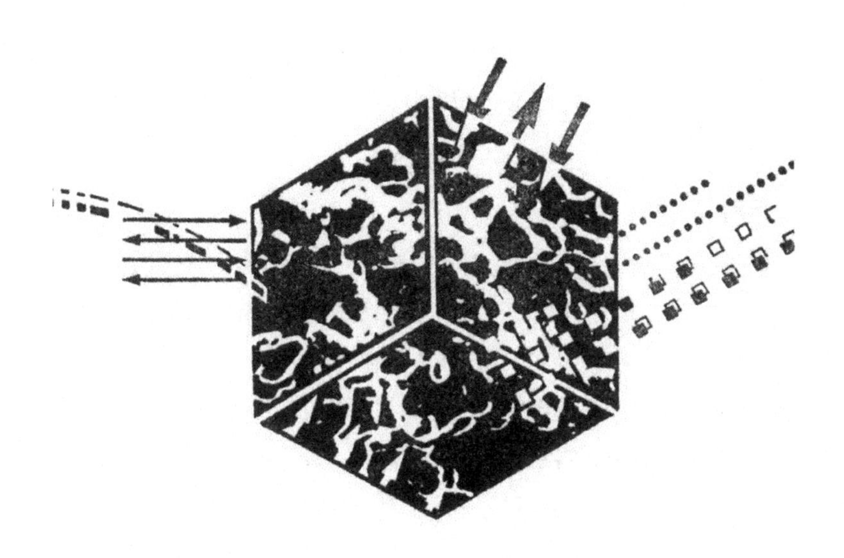

세라믹스는 비로소 시대의 총아가 된 듯하다. '첨단기술의 기둥'으로서, 또 어떤 사람에게는 '금이 되는 나무'로서 주시되고 있기도 하다. '세라믹(Ceramic)'이라는 형용사가 듣기에도 그럴듯하다고 해서 도자기 상점이 '세라믹 숍'으로 개명되고 있기도 한 실정이다.

그러면 도대체 세라믹스란 어떠한 것인가. 왜 '첨단기술의 기둥'으로 인식되고 있으며 도자기와는 어떠한 점이 다른 것인가. 세라믹 센서로 들어가기 전에 세라믹스 그 자체에 대해 대충 살펴보기로 한다.

1. 새로운 시대를 여는 재료로서의 세라믹스

무기 재료의 계보

인류가 최초로 도구를 사용해서 문명을 열기 시작한 것은 수만 년 전, 아니면 그 이전, 소위 구석기 시대 또는 선토기 시대였다. 돌과 흙이 이 시대의 기술을 지탱하는 소재였다. 돌은 화살촉이나 도끼로서 동물이나 식물을 수렵하고 가공하기 위해 사용되었고, 흙으로는 형상(形)을 만들어 용기(容器)로 썼다. 돌로 만들어진 도구는 점차 정교해졌으며 이때가 바로 신석기 시대에 해당된다. 토기의 경우도 점점 보다 정교하게 진보해 갔다.

소재로서의 돌의 장점은 단단하다는 것이지만 원하는 형상으로 만들기가 어렵다는 결점이 있다. 흙은 반대로 조형성은 용이하지만 굳어진 조형물의 강도가 약한 결점이 있다. 뒤에도

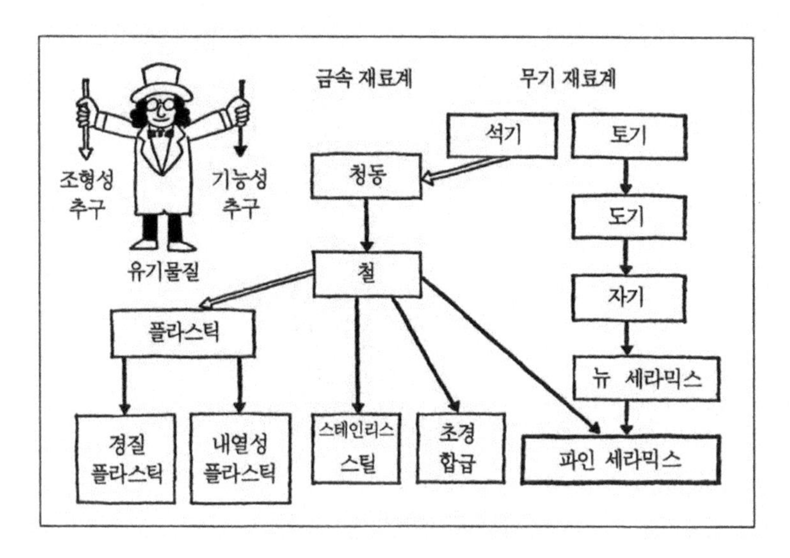

〈그림 1-1〉 재료 개발의 계보

언급하지만 세라믹스는 돌의 장점과 흙의 장점을 취하는 소재이다. 세라믹스나 돌, 흙은 금속도 플라스틱도 아닌 무기 재료이다. 무기 재료의 가계(家系)에 있어서 돌과 흙을 선조로 하는 우성 유전자가 세라믹스인 셈이다. 그러나 돌은 너무나 조형이 어렵기 때문에 이보다 조형이 용이한 소재가 발견된다면 그것으로 대치되어야 할 운명이었다. 우선 청동이 돌을 대치하였다. 그러나 청동은 너무 무르기 때문에 가공 공구로서는 불충분하였다.

그래서 이내 철이 청동의 지위를 잇게 되었던 것이다.

재료의 개발에는 '조형성의 향상'과 '기능의 향상'이 전제가 되고 있다. 돌에서 청동으로의 흐름은 '조형성의 향상', 청동에서 철기로의 흐름은 '기능의 향상'을 전제로 한 것이었다. 철은 실로 훌륭한 재료이다. 경도(硬度)가 적당하여 돌 대신 가공 공

토기는 세라믹스의 원류

구로도 쓰이고 있으며 조형성도 우수하여 토기 대신 용기로도 사용되고 있다. 현대 문명을 소재로 정의한다면 '철기 시대'라고 해도 좋을 것이다.

철과 플라스틱의 약점

실은 철보다 더욱 조형성이 좋은 소재로 플라스틱이 있다. 현대문명의 고도 성장기에는 많은 소재가 양적인 확대를 가져왔다. 당연히 철도 시멘트도 생산량이 급속히 신장되었지만 상징적으로는 플라스틱의 등장과 이의 급성장이 있었다. 어느 의미에서 고도 성장기를 플라스틱 시대라고 말해도 지나치지 않을 것이다. 정확히 말하면 현대는 '철기 시대'가 아니고 '철기 시대의 완숙기' 혹은 '플라스틱 시대'라고 해야 할지도 모르겠다.

그러나 철은 녹이 슬고 플라스틱은 불에 탄다. 그리고 이들은 돌과 비비면 흠이 나 버린다. 그래서 철의 경우 녹슬지 않은 철을 추구한 결과 스테인리스강이 얻어졌으며 흠이 나지 않는 금속을 구한 결과가 초경합금(超硬合金)의 출현이다. 플라스틱의 경우도 불에 타기 어려운 플라스틱의 개발로 내열성 플라스틱이 만들어졌으며, 경도가 큰 플라스틱에 대한 요구의 결과 엔지니어링 플라스틱이 개발되기에 이르렀다.

토기를 더욱 불에 구워 강하게 한 것이 도기(陶器), 자기(磁器)이다. 그러나 도자기의 경도로 가공 공구는 만들 수 없었다. 녹슬지 않고 흠이 나지 않는 소재를 인류는 계속 추구해 왔다. 그래서 스테인리스강, 초경합금, 내열성 플라스틱 그리고 엔지니어링 플라스틱도 출현하게 되었지만 이들도 역시 부분적으로는 문제점을 안고 있었다. 그래서 등장하게 된 것이 세라믹스인 것이다. 그러나 그것은 도자기를 의미하는 것은 아니다. 녹슬지 않고 타지 않으면 흠이 나지 않는 우수한 소질은 도자기에서는 아직 발휘되지 못하고 있다. 일보 전진할 필요가 있었다. 도자기는 용기로서 사용되고 있을 뿐이고 공구로서는 사용할 수 없었기 때문이다.

세라믹스의 실용화

도자기를 만드는 방법으로 제조하되 돌의 경도로서 돌과 같은 역할을 수행할 수 있게 된 것은 겨우 1960년대부터의 일이다. 연마재로서 사용되고 있던 산화알루미늄(Al_2O_3)를 도자기의 수법으로 만들어 내게 되었으니 이것이 바로 세라믹 공구였다. 강(鋼)을 깎아 내는 속도가 급격히 빨라졌으며 기계를 만드는 기계, 즉 공작기계가 급속히 진보하기 시작한 것도 세라믹 공구의 개발에 힘입은 바 매우 컸다. 〈그림 1-2〉에서 강철을 깎

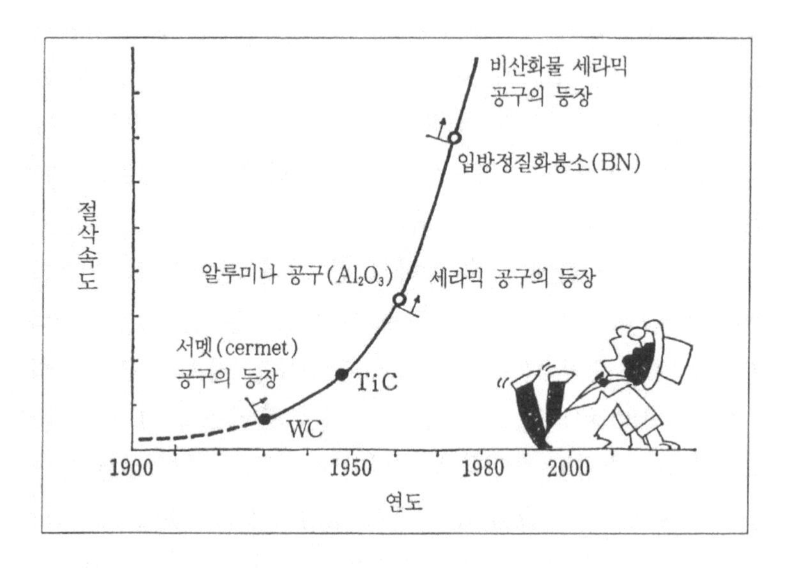

〈그림 1-2〉 절삭 속도의 변천

는 속도가 시대와 더불어 어떻게 진보해 왔는가를 볼 수 있다. 새로운 의미로서의 세라믹스는 이미 정밀 기계공업에 크게 공헌하고 있다.

한편 전기 절연 재료로서의 세라믹스가 도자기와 같은 수법, 그리고 거의 같은 계열의 물질을 이용해서 만들어지게 되었는데 이것은 1919년의 일이었다. 이때부터 송전선로에서 필요로 하는 절연체로서의 애자(Insulator)를 전문으로 하는 기업이 나타나기 시작했다. 양호한 절연체를 개발하기 위해 새로운 물질을 탐사한 결과 산화알루미늄을 찾아낸 것이 1940년대의 일이며, 이것을 집적회로의 절연기판 혹은 패키지용 재료로서 사용하게 된 것이 1958년이다. 그 후 IC의 발전과 더불어, 그것을 뒷받침해 온 기판 재료로서 세라믹스의 발전은 실로 눈부셨다.

그러나 산화알루미늄만이 세라믹 전자 재료의 전부는 아니었다. 1930년대의 후반, 초창기의 콘덴서로서 산화타이타늄(TiO_2: 일명 티타니아)이 도자기의 수법으로 제조되어 사용되기 시작하였으며 1944년에는 콘덴서 재료로서 획기적인 물질인 타이타늄산바륨($BaTiO_3$)이 일본, 미국, 소련에서 거의 동시에 발견되었다. 이후 각종 세라믹 콘덴서가 개발되어 현재에 이르고 있다.

반도성 세라믹스도 여러 가지로 연구되었다. 타이타늄산바륨 콘덴서의 연구 과정에서 반도성이 있다는 사실이 우연히 발견되어 이것이 특수한 서미스터(PTC서미스터)로서 사용되기 시작한 것이 1963년의 일이다.

이후 반도성 세라믹스가 계속 발견되어 잇달아 실용화되고 있다. 센서에 이용되는 것만도 서미스터를 비롯해 많은 것이 연구·개발되고 있다. 산화주석을 이용한 연기(煙) 센서가 1970년에 이미 상품화된 바 있다. 이들 세라믹스는 이제 정보, 지식사회를 지탱하는 주축이 되고 있는 것이다.

일본 NHK 실크로드 탐사대가 시리아 앞바다에서 난파선의 유류물을 찾아냈다. 남아 있는 것은 단지 도기인 항아리뿐이었다. 목재도 금속도 자취 없이 사라져 버린 상태였다. 이처럼 세라믹스의 내구성에는 놀라지 않을 수 없다. 세라믹스의 화학적 내구성을 살려서 세라믹스로 인공골(人工滑)이나 치아(齒牙)를 만들어 보려는 시도가 행해져 속속 성공하고 있다.

이 책에서는 내구성만이 아닌 두뇌나 감각을 갖는 세라믹스를 중심으로 기술하고 있다. 신기술에 대한 관건으로서의 파인세라믹스의 한 장(場)이 바로 센서다. 센서로서 사용되는 세라믹스는 금속이나 플라스틱의 대체품으로서 생겨난 것은 아니다. 바로 재료의 새로운 무대를 마련하기 위해 개발된 것이다.

이렇게 여러 가지 각도로 보았을 때 세라믹스는 새로운 문명을 구축하는 데 있어 정말로 매우 중요한 역할을 할 것으로 기대된다. 그렇기 때문에 다음 세대, 다음 문명은 세라믹스 시대라고 말해도 좋지 않을까 생각한다. 세라믹스 시대, 실로 그것은 2차 석기 시대 또는 인공 석기 시대라고 말해도 좋을 것이다.

2. 세라믹스의 본성

파인 세라믹스의 계보

세라믹스는 '인위적인 열처리를 통해 원하는 현상을 갖도록 제조되는 비금속 무기질의 고체'로 정의된다. 우선 인위적인 열처리에 의해서 제조한다는 사실에서 천연의 돌을 소재로 하는 석기와는 다르다. 세라믹스가 인공석기라고 불리는 것도 이 때문이다. 이 열처리를 하는 장치를 가마라 부른다. 이 가마를 뜻하는 '요(窯)'라는 한자는 원래 굴 또는 구멍(穴)에 양(羊)을 넣어서 불(火)을 땐다는 의미였다. 이 가마에 넣어진 양이 구워져서 나오게 됨은 물론이다. 그러나 가마 속에서 가열되는 동안 양의 형상(形)은 원칙적으로 변화되지 않는다. 변화되는 것은 그 질(質)이다. 형상을 변화시키지 않고 질을 변화시키는 장치가 바로 가마인 것이다. 형상을 만드는 방법에는 여러 가지가 있지만 가장 잘 알려져 있는 것은 도자기를 만드는 경우 회전식 목제 원반대를 사용하는 것이었다. 비금속이라는 것은 녹슬지 않는다는 뜻이며 무기질은 타지 않는다는 의미, 그리고 고

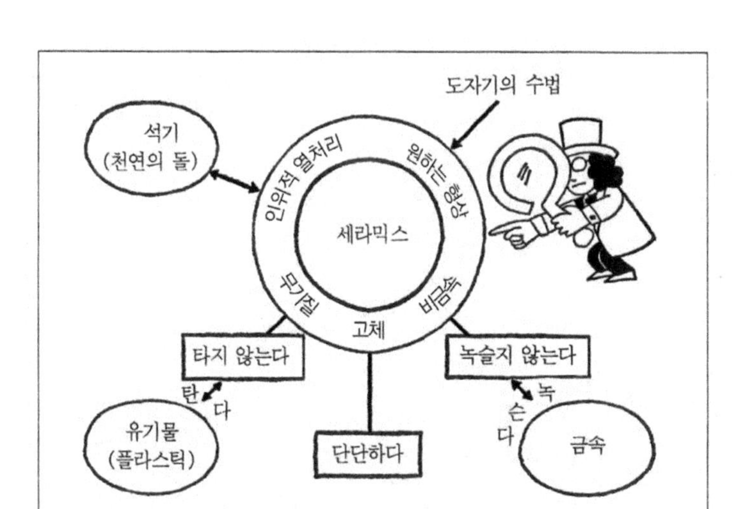

〈그림 1-3〉 세라믹스란

체라는 것은 경도가 크다는 것을 나타낸다. 즉 녹슬지 않고, 타지 않고, 흠이 나지 않는 모든 소질을 갖춘 물질이 바로 세라믹스라는 사실을 정의가 말해 주고 있는 셈이다. 그러나 이러한 우수한 특성들이 발휘되도록 하는 것은 그렇게 간단히 되는 일이 아니다. 예를 들어 물질 자체가 어떤 우수한 성질을 갖고 있어도 그것이 발휘되도록 하기 위해서는 필요로 하는 형상으로 조형할 필요가 있다. 조형을 하는 것과 물질이 갖고 있는 우수한 특성을 살리는 일은 대부분의 경우 서로 모순이 되는 경우가 허다하기 때문이다.

용기로서의 세라믹스로부터의 탈바꿈

도자기의 골격이 되는 성분은 광물학적으로는 규석(硅石, SiO_2), 즉 실리카이다. 순수한 물질로서의 실리카(SiO_2)는 내열

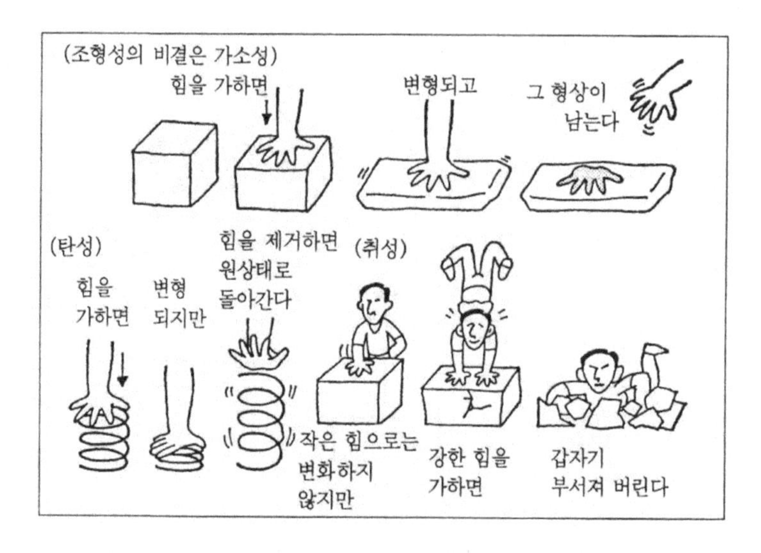

〈그림 1-4〉 가소성, 탄성, 취성

성, 내식성 및 경도가 뛰어난 물질이다. 그러나 실리카의 분말을 물로 개면, 물이 많은 경우 물이 실리카 분말에 흡수되지 않고 그대로 줄줄 새어 버리며 물이 좀 작은 경우는 바삭바삭 메말라서 역시 잘 개어지지 않는다. 그래서 도저히 조형대 위에서 찻잔이나 항아리의 형상으로 조형하는 것이 불가능해진다. 조형은 분말을 물로 개었을 때 가소성(可塑性)이 생겨 원하는 형상으로 쉽게 만들 수 있고 또 이를 말렸을 경우도 그 형상이 그대로 보존되어야 한다. 이때의 비결은 점토를 섞는 것이다. 가소성이라는 것은 힘을 가하면 변형되고 힘을 제거해도 그 변형된 형상이 그대로 남게 되는 성질을 말한다. 플라스틱의 조형이 용이한 것도 이 성질이 있기 때문이다. 힘을 가하면 변형되지만 힘을 제거했을 때 원래의 형상으로 되돌아가는 성질을 탄성이라 한다. 그리고 힘을 가해도 거의 신축이 되지 않

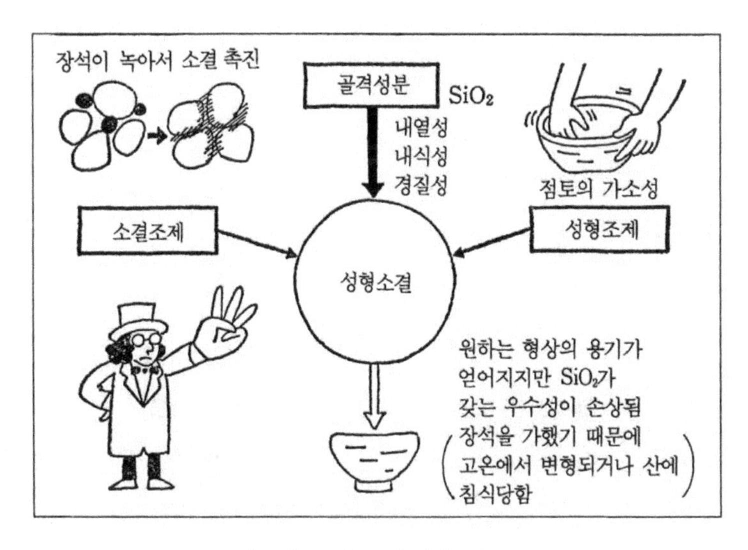

〈그림 1-5〉 도자기의 3요소

다가 강한 힘을 가하는 순간 갑자기 파괴되어 버리는 성질이 취성(脆性)이다. 점토의 가소성을 이용하면 원하는 형상으로 조형하기 용이해진다. 조형물이 가마에 넣어진 후 가열에 의해 규석과 점토 분말의 입자들이 열을 받게 되면 서로 결합하게 된다. 입자와 입자가 높은 온도에서 열에 의해 결합된 후 식으면서 단단히 굳어지는 것을 소결(燒結)이라고 한다. 이 소결을 조금이라도 낮은 온도에서 행하고 또 결합 강도를 증대시키기 위해 가해지는 성분이 도자기의 경우 장석(長石)이다. 장석의 화학적 주성분은 실리카(SiO_2), 산화알루미늄(Al_2O_3), 알칼리 성분(K_2O 또는 Na_2O)이며 이 때문에 장석은 점토나 규석보다 낮은 온도에서 녹아서 이들 입자 사이로 침투해 들어간다. 규석과 점토의 입자들은 녹아서 침투해 들어온 장석으로 인해 접촉이 보다 잘되어 소결이 진척된다. 실온(室溫)까지 냉각하면

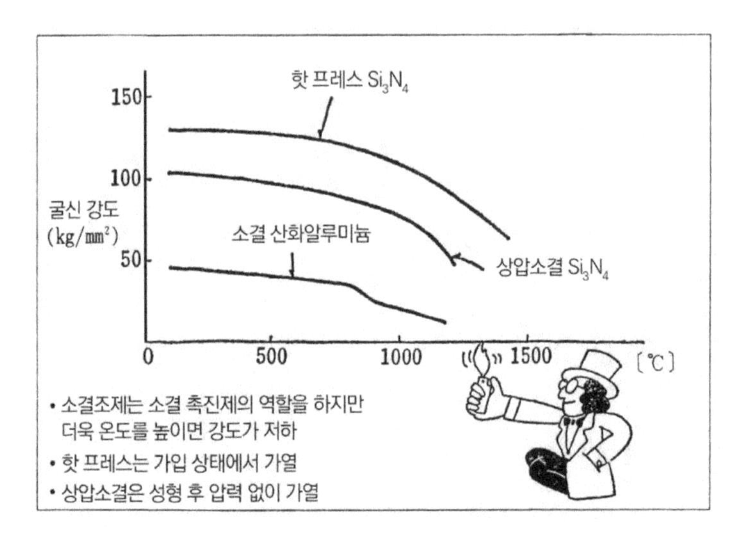

〈그림 1-6〉 온도 변화에 따른 강도 변화

당연히 장석 성분은 원래의 고체가 되기 때문에 치밀하게 잘 소결된 도자기가 완성되는 것이다.

이렇게 소결이 치밀하게 잘 이루어지도록 사용되는 성분을 '소결조제(燒結助制)'라 하며, 점토와 같이 형상을 만들기 쉽게 하기 위해 사용되는 성분은 '성형조제(成形助制)'라 한다. 한편 규석과 같이 본체가 되는 것은 '골격성분'이라고 부른다. 이들 골격성분, 성형조제, 소결조제를 도자기의 3요소라 부른다. 도자기가 용기로서 사용되는 경우에는 이 3요소를 필요로 하며, 또 이 3요소가 있으면 충분하다. 그러나 다른 용도, 예를 들어 고온에 견디는 재료로서 사용하고자 했을 때 조제(助制)는 오히려 장애요인이 될 수 있다. 즉 알칼리를 포함하는 성분이 소결조제를 사용하면 고온에서 다시 녹기 때문에, 고온에서 힘을 가해야 하는 경우 흐물흐물 변형되어 버린다. 소결조제는 단단하게 소결되도록 하는 역할을 하는 것이지만 고온에서는 소결 강도를 높여 주는 역할을 하지 못하는 것이다.

파인 세라믹스의 대표 주자의 하나인 질화규소(Si_3N_4)는 현재의 기술로는 소결조제 없이 소결을 할 수 없다. 질화규소에 대해서는 소결조제로서 마그네시아(MgO)나 이트리아(Y_2O_3)를 이용하고 있지만, 이들이 소결에 도움이 되는 이유는 역시 고온에서 녹아서 질화규소의 입자와 입자를 잘 접착시켜 주기 때문이다. 이는 도자기에 있어서의 장석과 같은 역할인 것이다. 물론 장석의 경우보다는 이들 조제가 높은 온도까지 녹지 않기 때문에, 질화규소의 소결체는 높은 온도에서도 강도를 유지할 수 있게 된다. 그러나 본질적으로는 어느 정도 고온이 되면 소결조제가 녹기 때문에 강도가 저하되어 버린다. 그래서 어떻게든 더욱 높은 온도까지 강도가 저하되지 않도록 하고자 하는 바람에서 조제에 대한 연구는 물론 제조 공정의 개발을 위해 온갖 노력이 경주되고 있는 실정이다.

도자기를 화학성분 면에서 보면 SiO_2가 주성분이다. SiO_2를 주체로 하는 광물 또는 화합물을 총칭해서 규산염(硅酸鹽)이라고 부르며 글라스(유리)도 시멘트도 규산염이 주성분이기 때문에 이들 산업을 규산염 공업이라고도 불러 왔다. 수많은 비금속, 무기질, 고체물질 중에서 겨우 규산염만이 형상을 만드는 '조형'이 가능했기 때문에 산업도 학문도 규산염에 한정되고 있었던 것이다.

뉴 세라믹스로부터 파인 세라믹스로

"물질을 '규산염' 이외로, 기능을 '용기' 이외로"라는 슬로건

아래 세라믹스의 개발이 행해진 것이 뉴 세라믹스이다. 그 결과 산화알루미늄(Al_2O_3)으로 절삭(切削) 공구가 만들어졌으며 타이타늄산바륨($BaTiO_3$)으로 콘덴서가 만들어지게 되었다. 산화알루미늄으로 만들어진 절삭 공구는 제2차 석기 시대의 막을 연 것이었으며, 타이타늄산바륨으로 만든 콘덴서는 제2차 석기 시대가 정보화 시대라는 사실을 시사하고 있었다. 그러나 뉴 세라믹스 시대의 세라믹스에서는 아직 조제 첨가에 의한 성능 저하는 피할 수 없는 것이었다. 산화알루미늄은 본래 그 특성에 있어서 내열성, 내식성이 양호하고, 경도가 크며, 그리고 전기 절연성과 열의 전열성(傳熱性)이 좋으며 투광성도 있는 물질이다. 그런데 소결조제로서 어쩔 수 없이 알칼리를 포함하는 물질을 첨가하면, 모처럼 양호하게 소결된 것도 이 알칼리 성분 때문에 내열성, 내식성, 절연성, 전열성이 떨어져 버린다. 겨우 경도가 크다는 특징만 남아 가공 공구로서 사용될 뿐이었다.

세라믹스로서의 비금속, 무기질, 고체 물질이 갖고 있는 우수한 특성을 조형성을 위한 조작으로 잃어버리지 않고 그대로 이끌어 내고 싶다는 염원이 점점 높아졌다. 그러나 '우수한 특성'과 '조형의 용이성'이란 서로 모순되는 요구였던 것이다. 통상의 수법으로는 이 모순은 해결될 수 없었다. 그래서 본질이 무엇인가를 충분히 생각해 보았다. 그러자 어쨌든 우수한 특성을 위해서는 순도가 높은 것이 요구된다는 사실을 알았다. 고순도로 하면 조형성이 어려워진다는 사실은 알고 있었지만 어쨌든 순도를 높이지 않으면 특성은 향상될 수 없는 것이었다. 그래서 우선 순도를 높이고 그다음 고순도의 원료를 어떻게든 해서 조형성을 높여 보기 위한 연구가 시도되었다.

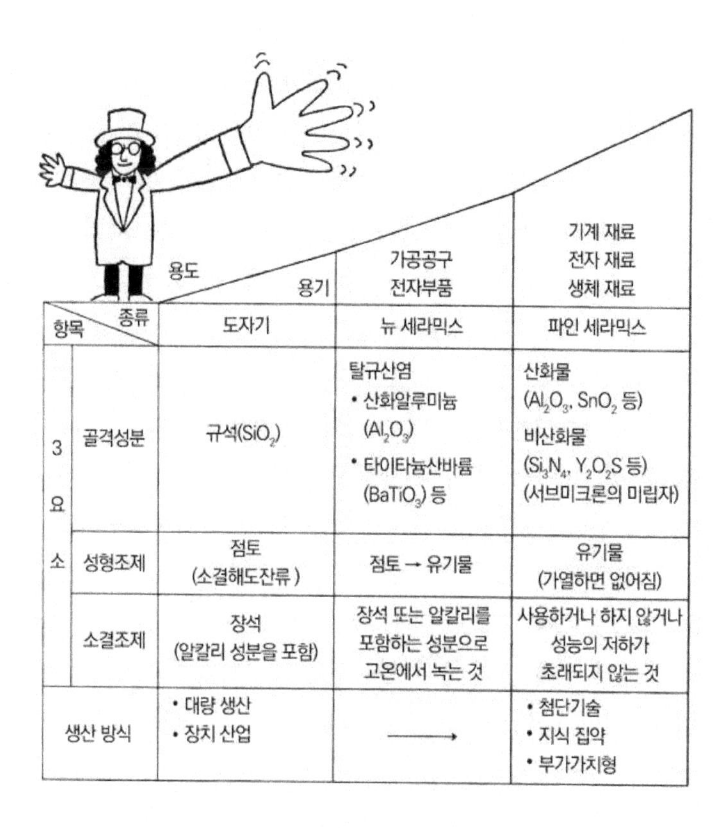

항목 \ 종류		도자기	뉴 세라믹스	파인 세라믹스
용도		용기	가공공구 전자부품	기계 재료 전자 재료 생체 재료
3요소	골격성분	규석(SiO_2)	탈규산염 • 산화알루미늄(Al_2O_3) • 타이타늄산바륨($BaTiO_3$) 등	산화물 (Al_2O_3, SnO_2 등) 비산화물 (Si_3N_4, Y_2O_2S 등) (서브미크론의 미립자)
	성형조제	점토 (소결해도잔류)	점토 → 유기물	유기물 (가열하면 없어짐)
	소결조제	장석 (알칼리 성분을 포함)	장석 또는 알칼리를 포함하는 성분으로 고온에서 녹는 것	사용하거나 하지 않거나 성능의 저하가 초래되지 않는 것
생산 방식		• 대량 생산 • 장치 산업	⟶	• 첨단기술 • 지식 집약 • 부가가치형

〈그림 1-7〉 도자기와 파인 세라믹스의 상이점

조형성을 위한 조작 때문에 물질이 본래 가지고 있던 우수한 특성을 손상시키지 않고 제조된 세라믹스의 부류를 파인 세라믹스라 부른다. 파인 세라믹스의 기술이란 고순도의 물질을 이용해서 그것을 어떻게든 형상으로 만들어 내는 기술이라고 해도 좋다. 고순도의 물질을 구워서 굳히기 쉽게 하기 위한 가장 좋은 방법은 원료분체(粉體)를 미세하게 하는 것이었다. 뉴 세라믹스의 단계에서 원료분체 입자의 직경이 1㎛ 이상, 종종 10

㎛ 이상이었던 것에 비해 파인 세라믹스에서는 일반적으로 0.1~0.3㎛ 정도로 극히 미세하게 되었다. 1㎛ 이하라는 사실로부터 파인 세라믹스의 원료는 서브미크론 입자라고 불리고 있다. 조형 시 성형조제의 역할을 해 왔던 점토가 유기물로 대치되었다. 점토라 하면 소결 후에도 그 성분이 남게 되지만 유기물이라면 타서 없어져 버린다. 유기물 중 특히 플라스틱은 성형성이 좋기 때문에 재료로서 등장한 것인데 이 특징을 세라믹스의 제조기술에 접목시켜 보고자 하는 생각을 하게 된 것이다. 즉, 서브미크론 입자인 세라믹스 원료를 플라스틱과 용제(溶劑)로 잘 개어서 원하는 형상으로 성형한다. 이것을 가마에 넣어서 구우면 유기물인 플라스틱은 타서 없어져 버리고 서브미크론 입자끼리 소결하게 된다. 플라스틱을 사용함으로써 형상을 만드는 일이 크게 진척되었으며 미세한 세공도 가능하게 되어 제품의 정밀성이 크게 향상되었다. 파인 세라믹스에서 '파인(Fine)'이란 용어 속에는 원료 입자가 미세하고 제품이 정밀하다는 의미도 포함되어 있는 것이다.

세라믹스가 갖는 기본적인 특성인 '내열성', '내식성', '경도'를 살리는 제조기술로 세라믹스를 제조하게 되면 기본적 특성 이외의 성질도 나타나게 된다. 산화알루미늄 조명관의 경우 산화알루미늄의 투광성을 주로 이용하는 것이다. 그러나 산화알루미늄의 투광관 이전에 세라믹스 산업에 큰 영향을 준 것은 집적회로용 기판 재료로서의 산화알루미늄이였다. 이 경우 전기 절연성과 열의 전열성이 이용되고 있다. 물론 여기서 산화알루미늄에 매우 높은 치수 정밀도를 요구할 수는 없었기 때문에 이러한 제조기술의 진보를 위해 많은 노력이 기울여졌다. 이 산화알루미늄과 경쟁하는 기판 재료로서는 플라스틱계의 것을 들 수 있는데, 그것은 조형성이 뛰어나기 때문에 치수 정밀도나 형상의 임의성에서는 산화알루미늄보다 훨씬 유리하였다. 그러나 치명적인 결함이라고도 할 만한 '전열성의 불량 문제'가 있었다. 전열성은 결코 물질 본래의 성질 이상이 될 수 없다. 플라스틱은 아무리 해도 전열성이 좋아질 수는 없는 것이었다. 이에 비해 산화알루미늄은 전열성이 훨씬 양호한 특징을 갖는다.

뉴 세라믹스가 파인 세라믹스로 진보하는 과정에서 먼저 고순도 원료를 구하고 다음에 그 제조기술을 연마하는 방법을 취했던 것처럼, 집적회로용 기판 재료의 개발도 마찬가지였다고 할 수 있다. 즉, 우선 전열성이 좋은 물질을 선택하여 그것을 어떻게든 정밀하게 제조하는 기술을 개발하는 것이다. 집적회로의 집적도(集積度)는 날이 갈수록 상승하고 있다. 집적도가 상승하면 그에 따라 회로를 흐르는 전류에 의한 저항발열도 증가해 간다. 발열량은 1㎠당 3~4와트나 된다고 한다. 집적회로는 일종의 전열기(電熱器)이기도 한 것이다. 이 열을 속히 제거해 주지 않으면 회로 동작에 이상이 생기게 된다. 집적회로용 기판 재료로서 산화알루미늄보다 더욱 전열성이 좋은 물질을 사용해 보고자 하는 시도가 있는 것도 전열성이 가장 중요한 요소가 되고 있기 때문이다. 기판을 사용하는 IC 산업, 그 IC를 이용하는 일렉트로닉스 산업의 진보, 발전은 매우 눈부셨다. 그리고 지금도 계속해서 급속 발전하고 있다. 그 속도에 대응해서 기판 쪽도 계속 진보해 가야 한다.

세라믹스의 기본적 특성인 '내열성', '내식성', '경도'를 철저히 추구하고 있는 곳이 구조용 세라믹스 분야이다. 질화규소,

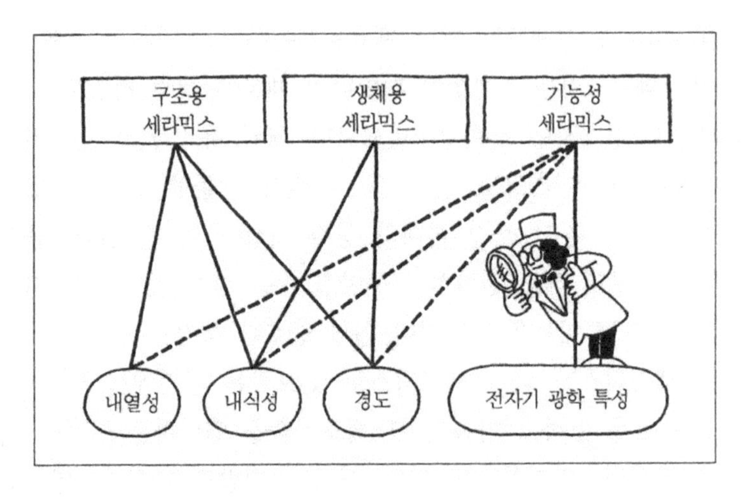

〈그림 1-8〉 파인 세라믹스의 종류

탄화규소, 지르코니아, 질화알루미늄 등이 그것으로서 내열성 기계 부품이나 엔진 제작을 목표로 하고 있는 것이다. 또한 내식성과 경도를 살려서 이용하는 것이 생체용 세라믹스로서 여기에는 산화알루미늄, 인산칼륨 등이 있다. 그리고 표면상으로는 내열성, 내식성, 경도를 이용하기보다는 단지 전자기 및 광학 특성을 이용하고 있는 것처럼 보이는 것이 기능성 세라믹스이다. 그중에는 이 책의 주제인 센서도 포함되어 있지만 실은 전자기 광학 기능이 발현되기 위해서는 세라믹스의 기본 특성인 내열성, 내식성, 경도를 최대한 살리는 기술이 필요하다. 이는 기술적으로 구조용 세라믹스와 기능성 세라믹스가 공통으로 하고 있는 것이다. 그렇게 보면 기능성 세라믹스는 기본적으로 신체를 튼튼히(구조적 특성) 하고, 명석한 두뇌로 센스가 좋은(기능적 특성) 사람에 비유될 수 있다.

기능성 세라믹스를 시작으로 하는 파인 세라믹스의 제조 방법은 규산염 공업처럼 대량 생산 및 장치 산업에 의존할 수 있는 것은 아니다. 기술의 진보에 신속히 대응하는, 아니 기술의 진보를 선도하는 정도의 지식 집약(知識集約), 고기술(高技術), 연구주도형의 산업이 되어야 한다.

2장

세라믹 센서의 종류

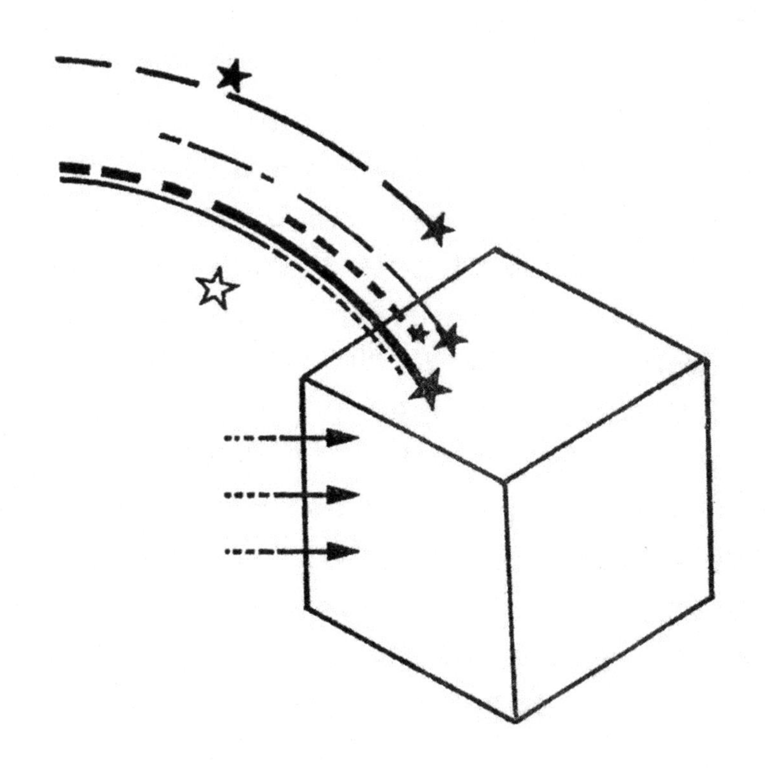

세라믹 센서는 견고하고 내구성이 있으며 오감을 가지고 있는 지각소자라 할 수 있다. 그리고 어느 면에 있어서는 생물의 오감을 초월하는 기능도 가지고 있음이 점차 확인되고 있다. 그러면 이 세라믹 센서는 무엇을 감지할 수 있는 것인가?

이 장에서는 세라믹 센서와 인간의 오감과의 관계에 대해 알아보기로 한다.

눈과 시각

시각은 빛을 감지한다. 인간의 눈은 빛의 파장을 기준으로 할 때 3,800Å에서 7,800Å(1Å=10^{-10}m)까지를 감지할 수 있다. 그래서 이 범위의 파장을 갖는 빛을 가시광선(可視光線)이라 부른다. 광센서는 가시광선이 와서 닿으면 그 전기적 성질이 변하게 되며, 가장 일반적인 것은 전기저항이 변하는 것이다. 그리고 센서에 전압이 발생하는 것이 있는가 하면 색이 변하거나 빛의 성질이 변하는 것도 있다. 또 전자를 방출하는 것도 있다. 그렇지만 세라믹 센서는 가시광선을 감지하는 것만은 아니다. 눈에는 보이지 않는 자외선 혹은 방사선, 적외선, 전자선(電子線) 등을 감지하는 것도 있다. 여기까지 가면 인간의 시각을 초월하는 셈이다. 강한 빛은 강한 빛대로 약한 빛은 약한 빛 나름대로 적당한 감도를 갖는 센서를 찾아내는 것도 가능하다. 그러면 빛이 어떻게 센서에서 감지되는 것일까? 상세한 설명은 후에 하겠지만 눈에 대응되는 세라믹 센서를 정리하면 〈표 2-1〉과 같다. 사람의 눈에는 보이지 않지만 센서에는 감지되는 것의 예를 들면 도둑 방지를 위한 적외선 센서가 있다. 인간이 몸에서 방출하는 적외선을 이 초전(焦電) 센서라고도 불

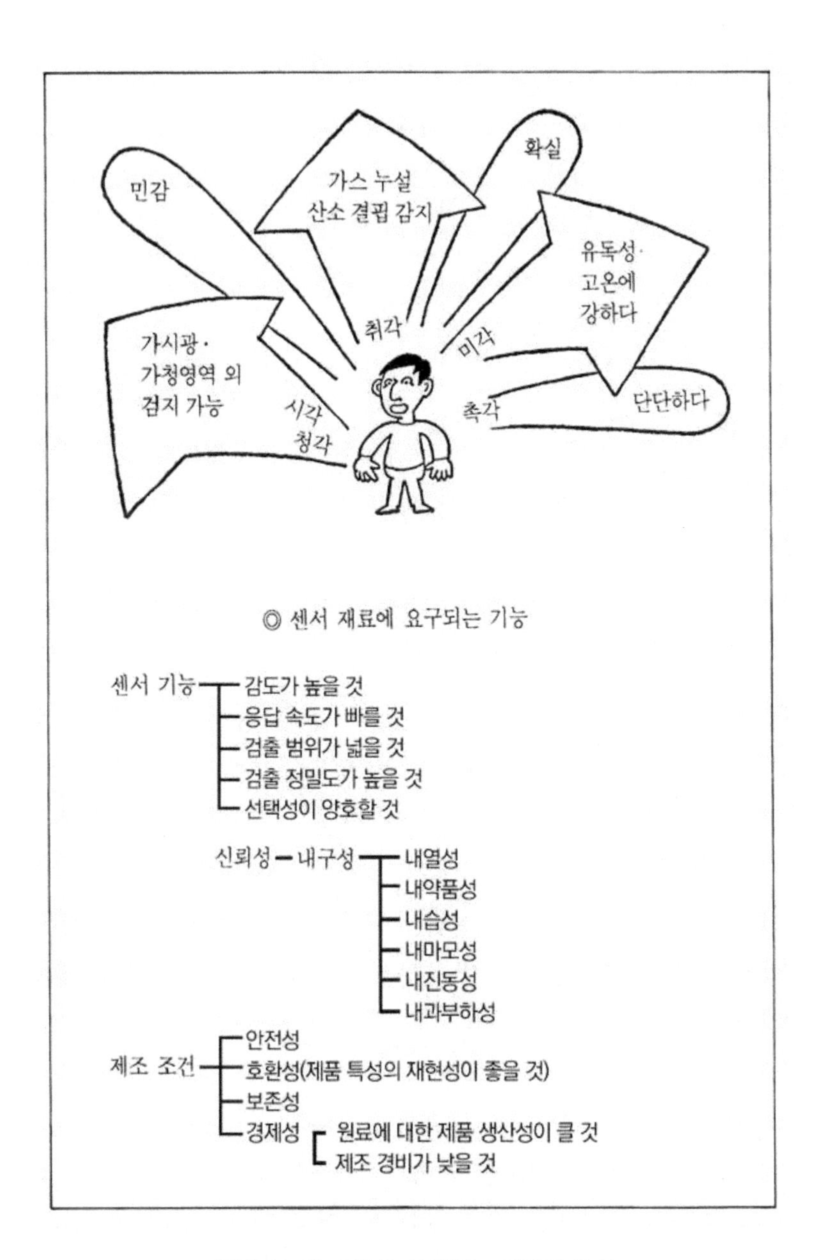

〈그림 2-1〉 오감을 초월하는 세라믹 센서

〈표 2-1〉 시각에 대응하는 세라믹 센서

감지하는 빛의 종류	세라믹 재료의 예	출력의 형태	응용·효과
X선	ZnS(Ag)	가시광	형광
자외선	$(Ca, Cd)_{10}(PO_4)_6(F, Cl)_2 : Sb^{3+}, Mn^{2+}$	가시광	형광등
전자선	$Y_2O_2S : Eu$	적색광	컬러 TV
	$Gd_2O_2S : Tb$	녹색광	컬러 TV
가시광선	CdS	저항 변화	카메라 자동 노출
	Si(아몰퍼스)	기전력(전력)	태양전지
	$CdS \cdot Ag_2S$		
적외선	$LiNbO_3$, $BaTiO_3$	기전력	초전 효과 (침입자 검출)
	LaF_3(Yb, Er)	가시광선	반Stokes 형광
	$Ba_2NaNb_5O_{15}$	가시광선	비선형 광학 효과

리는 적외선 센서가 검지한다. 도둑은 설마 세라믹스의 눈이 망을 보고 있다고는 생각지 못하고 방심하다 잡혀 버리게 되는 것이다.

코와 취각

프로판 가스나 천연가스는 냄새가 나지 않기 때문에 새어 나와도 냄새를 맡을 수 없다. 인류가 동물로서 진화해 온 역사 중에는 이들 가스가 사용되었던 적이 없기 때문에 인류는 이들

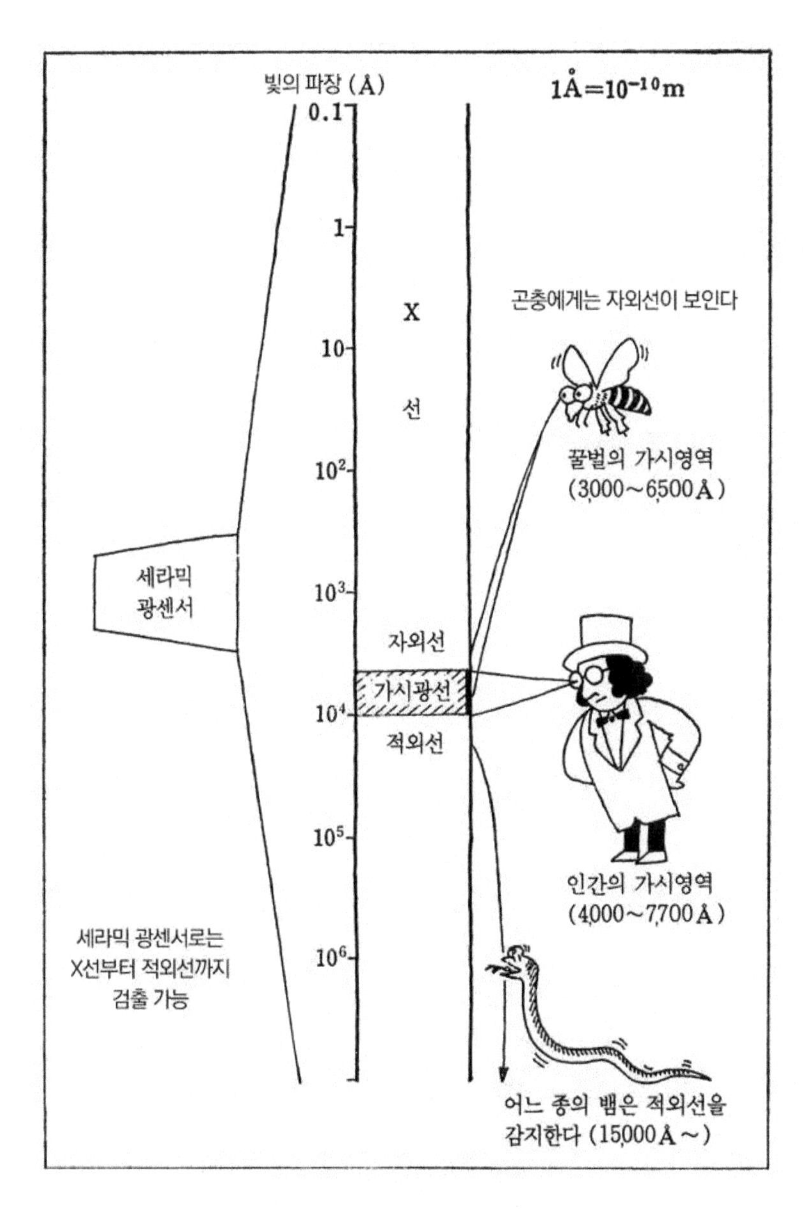

〈그림 2-2〉 생물의 시각과 세라믹 센서

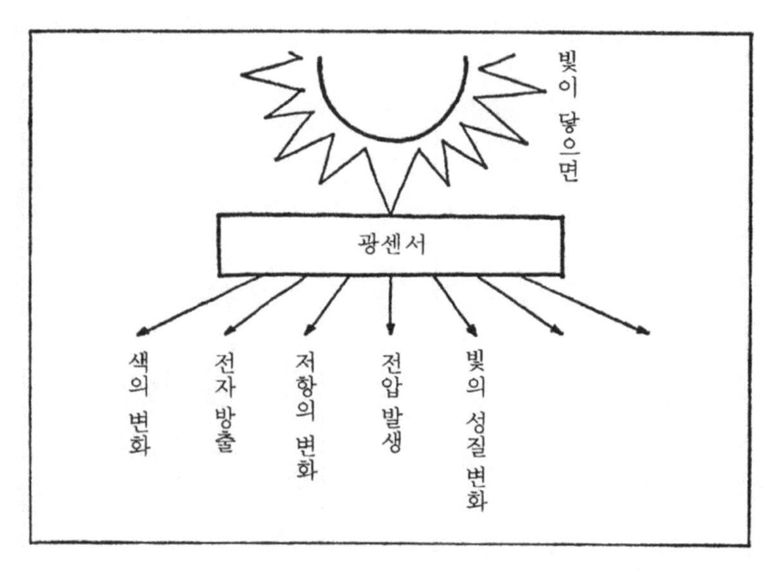

〈그림 2-3〉 광센서의 기능

〈그림 2-4〉 공장에도 취각 센서가 필요

가스를 감지하는 것이 가능한 감각기관을 갖지 못하게 되었는지도 모르겠다. 그러나 이들 가스는 누설되는 경우 폭발로 이어지게 될 위험성이 매우 높다. 유감스럽게도 큰 사고가 종종 일어나고 있음을 보게 된다. 그래서 가스회사에서는 일부러 가스에서 냄새가 나도록 냄새 요소를 첨가시키기도 하지만, 흙 속에는 이 냄새의 성분을 흡수해 버리는 요소가 있기 때문에 별로 효과를 보지 못하는 실정이다. 어떻게든 프로판 가스나 천연가스를 그대로 냄새로써 감지하는 것이 가능한 센서가 필요한 것이다. 일산화탄소도 사람에게는 냄새가 나지 않는다. 그래서 일산화탄소 중독으로 인한 사망 소식도 뉴스로 자주 접하게 된다. 산소가 부족한 상태에서도 동물로서의 인간은 이를 감지하지 못한다. 그래서 맨홀 내에서의 작업 중 산소 부족으로 인한 인명사고도 끊이지 않고 있다. 향수와 같은 미묘한 향기를 냄새로써 구별하는 것이 가능한 인간도 현대문명 사회의 동물로서는 전혀 믿을 수 없는 불완전한 존재인 것이다. 현대문명에 적응하기 위해서는 기술을 구사하는 방법밖에 없다. 이 역할의 일익을 담당하는 것이 가스 센서인 것이다.

그리고 공업계에서도 동물의 취각에 대응하는 센서가 필요하다. 당연히 공장 내에서 발생하는 모든 가스 누설은 엄격하게 체크되지 않으면 안 된다. 플루오린, 염소, 브로민, 이산화황, 일산화탄소, 산화질소 가스 등등…, 또 유해물질의 유출도 결코 허락되는 것은 아니다. 여기서 몇 가지 예를 들어 설명해 보기로 한다.

세라믹스의 발전으로 처음 가능하게 된 가스 센서에 안정화(安定化) 지르코니아를 이용한 산소 센서가 있다. 이 재료는 원

〈표 2-2〉 세라믹스를 이용한 취각 센서

감지하는 가스의 종류	세라믹 재료의 예	출력 형태	응용 · 효과
프로판 가스 천연가스 일산화탄소	SnO_2 ZnO WO_3 등	저항 변화	가스 누설 검출
플루오린	LaF_3	기전력 변화	공해 방지
공기/ 연료의 비율	$ZrO_2(+Y_2O_3)$	기전력	자동차 배기가스의 정화
용융 금속 중의 산소 농도	$ZrO_2(+Y_2O_3)$	기전력	용광로의 조업 제어
맨홀 속의 산소 농도	$ZrO_2(+Y_2O_3)$	산소 농도 적정	산소 결핍 방지
알코올	$LaNiO_3$ $(La, Sr)CoO_3$	저항 변화	음주운전 체크

래 내화물로서 개발된 것이지만 산소 이온도 통과시키는 것을 알고 나서 이제는 산소 센서로서 사용하게 되었다. 철이 흐물흐물 녹아내리는 용광로 속에 어느 정도의 산소가 포함되어 있는지 등을 이 지르코니아 산소 센서를 이용하여 측정할 수 있게 되었다. 이 센서가 개발되기까지 용광로 속에 들어가 속을 들여다본 사람도 냄새를 맡아 본 사람도 물론 없었다. 지르코니아 센서가 개발된 후에야 비로소 용광로 속에 들어가 산소 농도라고 하는 냄새를 맡는 것이 가능하게 된 것이다.

같은 원리로 자동차 엔진 중의 공기와 연료의 혼합비를 체크하는 것이 가능하다. 공기와 연료의 비가 정확히 제어된다면 배기가스에 포함되는 일산화탄소, 산화질소 등 유해한 가스 성분을 거의 없애 버리는 것이 가능하게 된다. 머지않아 모든 차에 배기가스 정화용의 세라믹 센서가 장착될 전망이다.

알코올에 민감한 센서는 음주운전 여부를 검사하기 위해 이미 사용되고 있다. 앞으로 이것이 차에 장착된다면 알코올이 감지되는 경우 엔진의 시동이 걸리지 않도록 할 수 있을는지도 모르겠다. 산소 결핍, 즉 산소결핍 센서도 개발되고 있어서 앞으로는 맨홀에서의 사망사고는 더 발생하지 않을 수 잇을 것 같다. 세라믹스를 이용하고 있는 취각 센서를 〈표 2-2〉에 정리하였다.

귀와 청각

소리(音)는 공기의 진동이 귀의 고막을 진동시킴으로써 들을 수 있게 된다. 인간이 들을 수 있는 소리의 진동수는 20Hz로부터 17,000Hz 정도까지이다. 동물 중에는 사람이 들을 수 없는 소리를 들을 수 있는 것도 있다. 특히 박쥐 등은 20,000Hz 정도의 높은 진동수의 소리도 들을 수 있다고 한다. 어느 방향에서 소리가 들려오는가는 2개의 귀에 들어오는 소리의 강도와 시간의 차이로부터 판단한다. 동물의 청각에 대응하는 것을 인공적으로 만드는 경우 압전체(壓電體)를 이용할 수 있다. 압전체란 기계적인 진동을 전기적인 진동으로 변환하는 성질의 것으로, 그 재료는 수정(水晶, SiO_2), 타이타늄산 지르콘산납〔$Pb(Ti, Zr)O_3$, 약칭 PZT〕, 타이타늄산납($PbTiO_3$, 약칭 PT), 나이오븀산리튬($LiNbO_3$) 등이 있다. PZT와 PT는 각 성분 분말을 적당한 비율로 혼합한 후 소결하여 만든다. 압전체는 전기적인 진동을 기계적인 진동으로 변환하는 것도 가능한데, 이는 인간으로 말하면 소리를 듣는 것뿐만 아니라 내는 것도 가능한 것과 같은 이치다. 소리와 귀, 이것이 세라믹스계의 압전체로 실현될 수 있다. 게다가 이 압전체는 인간에게는 들리지 않는

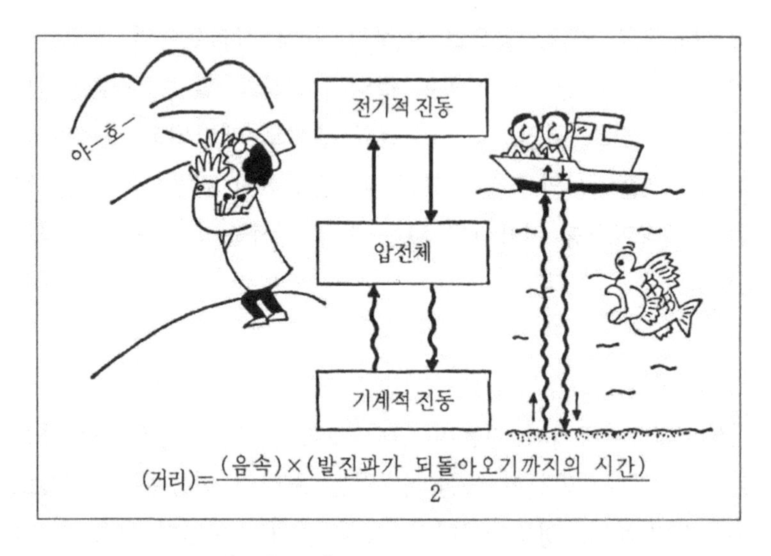

〈그림 2-5〉 거리를 측정하는 센서

소리를 내며, 인간이 들을 수 없는 소리를 듣는 것도 가능하다.

산을 향해 소리를 지르면 되돌아오는 소리를 들을 수 있는데 이것을 반향(메아리)이라고 한다. 우리는 이 반향을 이용하여 산까지의 거리를 측정하는 것이 가능하다. 똑같은 원리가 해저의 깊이를 측정하는 데 이용되고 있다. 〈그림 2-5〉에서 보는 것처럼 배 밑으로부터 발신된 초음파가 해저에 부딪친 후 반사되어 되돌아오는 시간을 측정하면 그 바다의 깊이를 알 수 있는 것이다. 바다의 깊이뿐만 아니라 어군(魚群)도 같은 방법으로 탐사하는 것이 가능하다. 이 어군 탐지기의 원리는 신체의 내부 상태를 파악하는 데도 이용되고 있다. 태아가 모태 내에서 어떻게 움직이고 있는가 등을 초음파 진단장치를 사용하여 알 수 있게 된다. 이것은 바로 귀(耳)의 원리를 이용하는 눈(眼)이라고 말할 수도 있지 않겠는가? 맥박도 혈액의 흐름(血流)도 압전체를 사용하여 조사할 수 있다. 의료 진단에 있어서는 세라믹 압전체는 이미 없어서는 안 되는 것이 되어 있다.

재료 내부의 결함도 같은 원리로 조사할 수 있다. 송유관의 파이프에 구멍이 생기면 곤란해지며 세라믹 엔진을 만든 후에도 만약의 경우 파손되는 일이 있어서는 안 될 것이다. 그래서 그 파손의 원인이 되는 결함을 미리 찾아내는 것은 매우 중요한 일이다. 세라믹 엔진의 성패는 이 탐상(探傷) 센서가 정말로 양호한지의 여부에 달려 있다고 생각하고 있는 기술자도 많다. 실제 단단한 재료인지 아닌지는 예로부터 간단한 방법으로 조사되고 있다. 만일 찻잔이나 항아리의 내부에 금이 가 있으면 이들을 두드려 보았을 때 그 소리가 탁하게 들린다. 좀 더 세밀하게 그 흠을 조사하려면 인간의 귀에는 들리지 않는 높은 주파수를 체크할 수 있는 장치가 요구된다.

상대가 움직이는 경우 소리가 반사되어 돌아오는 시간은 시시각각 변하게 된다. 특히 상대가 접근해 오는 때와 멀어지는 때의 차(差)는 분명하게 구분된다. 즉, 소리의 높이가 변하게 되는데 이것이 바로 도플러 효과이다. 소리의 높이(진동수)의 차를 측정하면 움직이는 대상의 속도를 알 수 있게 된다. 투수가 던진 공의 속도가 TV 중계 시 화면에 표시되는 것을 볼 수 있는데 이것도 세라믹 압전체를 이용하여 인간이 들을 수 없는 소리를 공을 향해 발신한 후, 되돌아오는 소리를 포착함으로써 가능한 것이다. 이것도 귀의 원리를 이용하여 속도를 보는(감지하는) 것이 가능한 예라고 할 수 있다. 어쩌면 센서의 분야에서는 귀가 눈보다 그 성능이 우수하기 때문에 귀가 눈의 역할을 겸비하게 되는지도 모르겠다.

〈표 2-3〉 청각에 대응하는 세라믹 센서

원리	용도
반향	해저의 깊이 측정
반향+음의 변화	어군 탐지 태아 진단 파이프의 결함 조사 재료의 결함 조사
압력→전기 변환	맥박, 혈류 측정
도플러 효과	야구공의 속도 측정
연꽃의 개화음	기계의 결함 진단 지각변동 검출(지진 예지)
아기의 모친 음성 식별	열차 번호 검출에 의한 포인트(접점) 변환

재료가 파괴되는 순간에는 소리를 낸다. 연꽃이 피는 때의 소리를 들은 사람은 없겠지만 원리상으로는 이와 같은 것이라 할 수 있다. 이것은 AE(Acoustic Emission)라고 부르며, 기계 또는 기관의 진단이나 지각(地殼)변동의 검출 시 이용하고 있다. 지진의 예지(豫知)도 세라믹스의 귀로 가능하게 된다. 즉 지중(地中)에 매몰한 청진기가 되는 셈이다.

접근해 오는 열차가 급행인지 완행인지를 즉시 판단하는 장치가 이미 교통 시스템에 채용되었다. 이것은 각 열차가 열차마다 정해진 진동수와 초음파를 발신하면서 달리기 때문에 그 음파를 압전체로 검출하는 것이 가능하다는 이야기다. 아기가 모친의 소리를 잘 분별하는 것이 가능한 것도 이를 수없이 듣는 중에 기억이 되어 그 소리에 대해서만 민감해지기 때문이라고 한다. 이것이 열차 식별에서는 의식적으로 민감한 소리를 내게 하고 그것을 듣는 귀를 만듦으로써 가능하다. 이렇게 하면 선로 상에서 포인트(接點)의 교환도 자동적으로 이루어지게 할 수 있다. 교통 시스템에도 세라믹스의 귀가 사용되고 있는

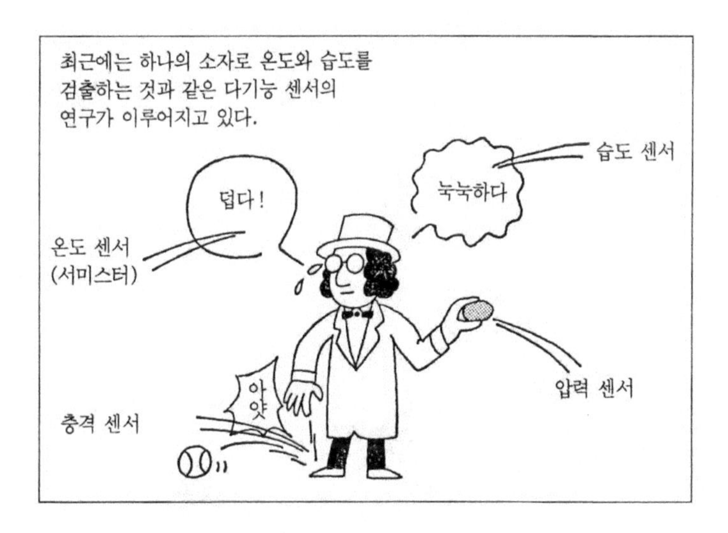

〈그림 2-6〉 인간의 피부감각과 센서

셈이다.

세라믹스 귀의 응용 예를 〈표 2-3〉에 정리했다.

피부와 촉각

인간은 피부로 온도나 습도를 감지한다. 또 물체와의 접촉 유무, 가해지고 있는 힘의 세기를 느끼는 것도 가능하다. 온도를 측정하기 위해서는 여러 방법이 있다. 한난계(寒暖計), 체온계도 온도계의 일종이다. 그러나 온도를 측정하는 것만으로는 별로 의미가 없다. 더우면 냉방, 추우면 난방의 스위치가 자동적으로 작동됨으로써 비로소 센서로서의 의미를 갖는 것이다. 검출과 제어, 이 콤비네이션을 가능하게 하기 위해서는 전기적인 신호가 검출되는 것이 바람직하다. 센서를 '주변의 환경에 관한 상태량을 검출해서 전기적인 신호로 변환하는 소자'로 정

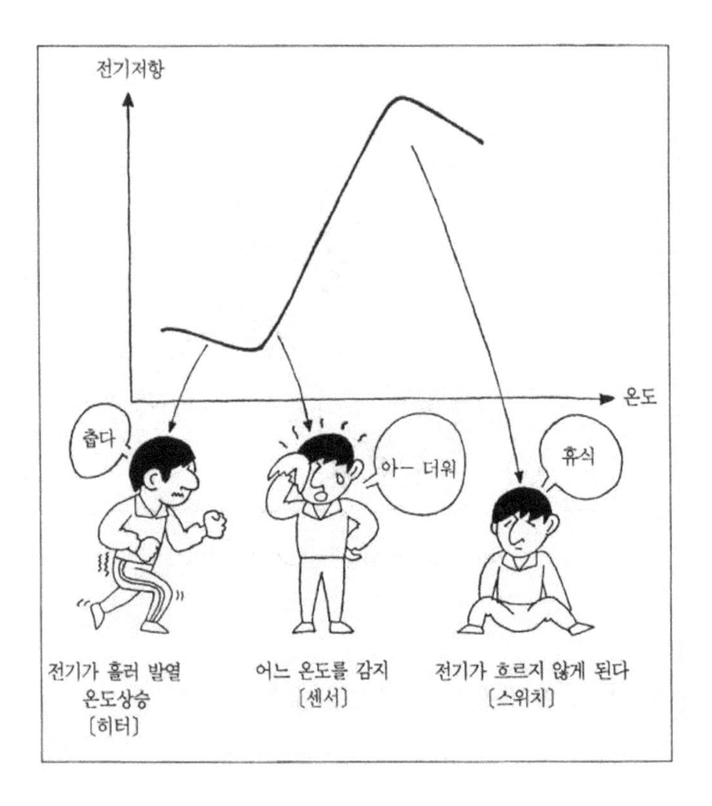

〈그림 2-7〉 PTC서미스터는 3역을 수행

의하는 것도 이 때문인 것이다. 따라서 온도의 경우 온도가 변함에 따라 저항이 변하는 서미스터가 온도 센서로서 사용된다. 서미스터의 소재로는 내구성과 기능성을 겸비하고 있는 산화철, 산화니켈 등의 반도성 세라믹스가 이용된다. 또한 서미스터는 에어컨이나 TV, Video 등 전자기기가 다소간의 온도 변화에도 불구하고 그 동작 상태가 항상 적정으로 유지되도록 하는 온도 보상의 목적으로도 사용된다.

세라믹 반도체 중에는 어느 일정 온도(예를 들어 200℃ 또는

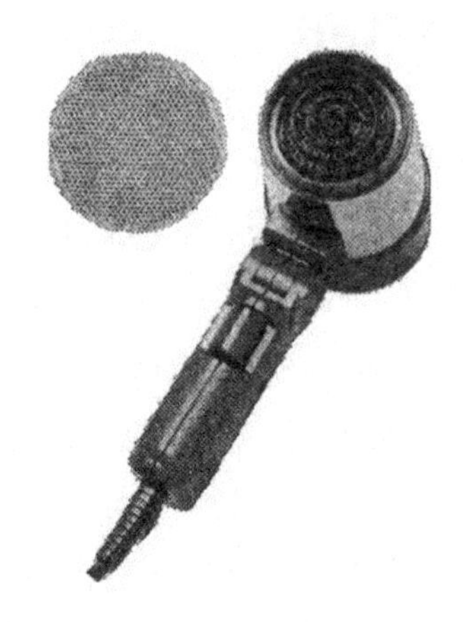

PTC특성을 보이는 타이타늄산바륨은 honey comb 모양으로 만들어 헤어 드라이어에 이용되고 있다

60℃)가 되면 〈그림 2-7〉과 같이 급격히 저항이 변하는 것도 있다. 이것에 전기를 통하게 하면 저온에서는 히터가 되지만 고온에서는 저항이 크게 되어서 전류는 조금밖에 흐르지 않게 된다. 마치 추우면(저온 시) 운동을 하여 몸을 덥게 하고, 더워지면(고온 시) 휴식을 취하는 인간과 흡사하다. 이 타이타늄산바륨 반도체 세라믹스는 히터, 온도 센서, 스위치의 3역을 겸비하고 있는 슈퍼 세라믹스인 것이다. 자석의 강도가 온도에 따라서 변하는 페라이트(Ferrite)도 온도 센서 겸 스위치가 된다.

물체의 온도가 높으면 색이 밝고, 반대로 어두우면 물체의 온도가 낮다는 것은 인간의 눈으로도 짐작이 가는 일이다. 이러한 원리로 온도를 측정하는 것이 눈으로서의 역할을 수행하는 초전형 세라믹스이다. 초전형 재료로서는 귀와 청각의 기능을 갖고 있는 압전 재료인 타이타늄산 지르콘산납(PZT) 등이 이용되고 있다. 세라믹스의 온도 센서가 피부와 다른 것은 피부의 경우 화상을 입게 되는 높은 온도에서도 측정이 가능하다는 점이다. 전기로, 보일러 등에서의 높은 온도도 측정할 수 있는 서미스터도 개발되고 있다. 자동차의 배기가스를 정화하기 위한 촉매가 가장 잘 작용하도록 온도를 측정하고 있는 것도 고온용 서미스터이다.

압력 센서는 힘이 어느 정도 걸려 있는가를 측정하는 것이 가능하다. 여러 가지 장치가 제안되고 있지만 유감스럽게도 아직 좀처럼 인간의 촉각 수준에는 미치지 못하고 있다. 미묘한 촉각에서부터 큰 힘에 이르기까지 인간은 구별할 수 있음에 비해 압력 센서의 능력은 아직 부족한 형편이다. 그 대신 힘이 순간적으로 가해졌는지의 여부를 검지하는 것은 센서 특유의 역할이다. 귀와 청각에서 소개한 세라믹 압전체는 미묘한 펄스(순간적인 압력)라도 정확히 검지해 낼 수 있다. 심박계(心拍計), 혈류계(血流計)가 바로 그 응용례이다.

여름이 되면 간간이 일기예보 시간에 "오늘은 불쾌지수가 80을 넘게 되어 모든 사람이 불쾌감을 느끼게 될 것입니다"라는 아나운서 멘트를 듣게 된다. 습도와 온도가 복합된 감각이 인간의 피부에는 있다. 세라믹 센서는 온도와 습도를 구분해서 감지한다. 온도와 습도를 동시에 감지하는 세라믹 센서는 현재 여러 가지가 제안되고 있다. 이 분야의 연구는 세라믹 센서의 연구 중에서 가장 재미있는 분야가 아닐까 생각한다. 그래서 필자의 연구실에서도 여러 가지 재미있는 연구 결과를 발표하고 있다. 에어컨 시설에는 어떻게 해서든 습도 체크가 필요하며 전자레인지에서도 습도 센서가 이용되고 있다. 이것은 조리의 최종 단계에서 습도가 올라가는 현상을 이용하고 있다. 이

〈표 2-4〉 촉각에 대응하는 세라믹 센서

감지 대상	재료의 예	원리	용도
온도	철족산화물 (NiO, FeO, MnO 등)	전기저항이 온도에 따라 변한다	서미스터, 전자체온계, 냉장고, 에어컨, 전자레인지, 전자기기, 산업장치
	반도성 타이타늄산 바륨	전기저항이 어느 온도에서 급격히 변한다	전기밥통 건조기
	페라이트 자석 (Mn, Zn)Fe_2O_4	온도에 의해 자석 강도가 변한다	전기밥통, 비디오테이프 리코더, 에어컨
	PZT=Pb(Zr, Ti)O_3 PT=PbTiO_3 등	초전 효과에 의한 적외선 검출 (눈과 시각 참조)	침입자 검출 체표면온도 측정 (서모그래프)
압력	수정, $LiNbO_3$ ZnO막	재료 중 음속의 변화 (표면탄성파 소자)	스트레인지 게이지 압력계
가속도 충격 펄스	PZT=Pb(Zr, Ti)O_3 PT=PbTiO_3 등의 압전체	압전 효과 (귀와 청각 참조)	심박계, 혈류계
습도	$MgCr_2O_4$-TiO_2 계 복합체	습도에 의해 전기저항이 변한다	전자레인지
	ZnO-Li_2O, V_2O_5-Cr_2O_3		에어컨
	ZnO-NiO, ZnO-CuO	습도에 의해 전압, 전류 특성이 변한다	(연구단계)

이온 검출에 사용되는 pH미터

때의 습도 센서는 어쩌면 '코'와 같은 역할을 하고 있다고도 생각할 수 있다. 촉각에 대응하는 세라믹 센서의 예를 〈표 2-4〉에 정리했다.

혀와 미각

생물이 갖는 가장 미묘한 감각은 미각일 것이다. 도대체 이 미각과 세라믹 센서는 어떠한 관계가 있는 것일까? 미각은 식료품 중의 화학성분을 식별하는 기능이라 할 수 있다. 수중(水中)의 이온 성분의 종류와 농도를 세라믹 센서를 사용해서 식별하는 것이 가능하다. 그러나 센서는 유감스럽게도 높은 미각 수준에는 미치지 못하고 있다. 미각 센서는 겨우 연구의 시작 단계에 있다.

수중 이온의 성분을 식별하는 물질의 예로는 글라스, 플루오린화란타넘(LaF_3), 아이오딘화은(AgI), 황화은(Ag_2S), 염화은

〈그림 2-8〉 미각판별 센서: 인간, 자연환경의 수호자

(AgCl), 황화납(PbS), 황화동(CuS) 등이 있다. 현재까지 이들 물질이 식별 가능한 이온의 종류에는 수소 이온(H^+), 플루오린 이온(F^-), 사이안 이온(CN^-), 카드뮴 이온(Cd^{2+}), 염소 이온(Cl^-), 브로민 이온(Br^-), 아이오딘 이온(I^-), 황 이온(S^{2-}), 은 이온(Ag^+), 납 이온(Pb^{2+}), 동 이온(Cu^{2+}) 등이 있다. 어느 경우에나 이온의 수중 농도 측정이 매우 중요하다 할 수 있다. 왜냐하면 상수도나 공장의 폐수, 또는 하천의 수질 검사에 빼놓을 수 없는 것이 되고 있기 때문이다. 이들을 측정하는 세라믹 이온 센서는 바로 혀의 역할을 수행하고 있는 것이다.

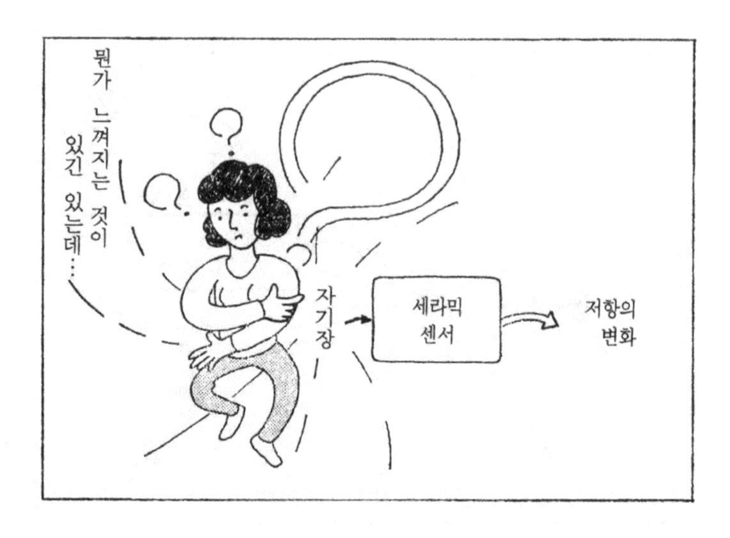

〈그림 2-9〉 자기 센서는 육감?

인간의 육감이란?

이제까지 인간의 오감, 즉 눈, 코, 귀, 피부, 혀에 대응하는 세라믹 센서에 대해 알아보았다. 그중에는 인간으로서는 감지할 수 없는 범위의 것을 세라믹 센서가 감지할 수 있는 부분이 많이 있었다.

그러나 인간의 오감에 대응되지 않는 것을 세라믹 센서로 감지하는 경우도 있다. 그것은 바로 자기장이다. 자기장의 강도에 의해서 저항이 변하는 자기저항소자라든지 자석과 같이 자기장을 발생시키거나 다른 자석과 인력 또는 척력을 생기게 하는 것이 있다. 자기 목걸이로 어깨 근육통을 치유할 수 있는 것인지 어떤지는 의문이 있지만, 인간의 혈액은 미약하나마 자성을 띠고 있기 때문에 자기 목걸이의 자성을 인간이 감지할 수 있는 것인지도 모른다. 인간에게 육감 혹은 예감이라는 것이 있다는 것도 부정할 수 없다. 도대체 신체의 어디에서 어떻게 감지하고 있는 것일까? 그렇지 않으면 오감 모두를 총동원하고 있는 것일까? 혈류(血流)가 전자기파를 감지하고 있는 것일까?

3장
세라믹 재료의 전기적 성질과 센서

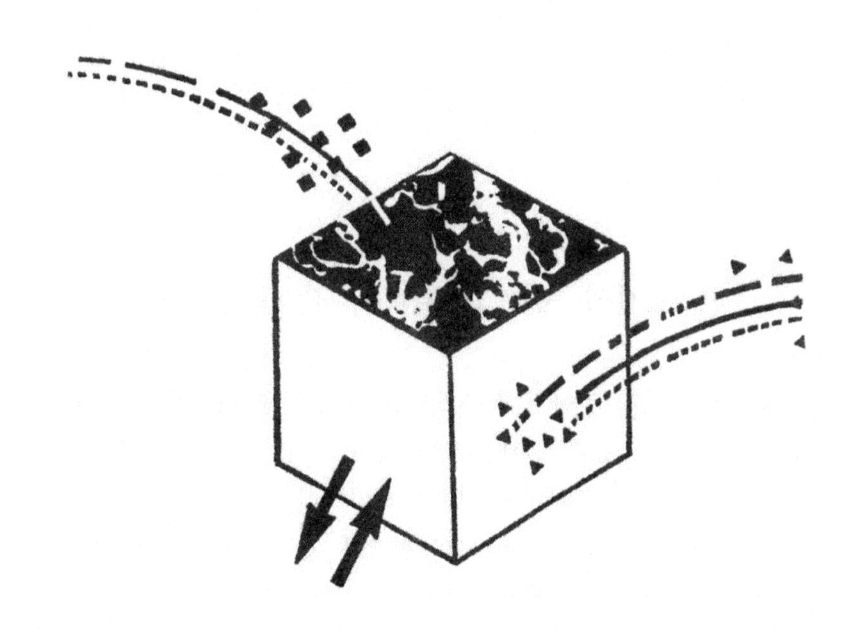

앞 장에서 인간의 오감에 대응하는 세라믹 센서의 예를 보였지만 이들 중에서 어느 것은 작용하는 장치는 청각인데 얻어지는 정보는 시각에 대응하는 것이었다. 어떻게 해서 그렇게 되는 것일까? 또 센서가 작용하는 장치는 어떻게 되어 있는 것일까? 대표적인 것에 대해 조사해 보기로 하자. 전기, 자기, 가스 등에 관한 정보를 검지해서 그것을 제어하기 쉬운 신호로 변환하는 것은 응용 면에서 센서라고 부르지만 학문적으로는 '○○효과'라 부르는 수가 많다. 예를 들면 미소한 온도 변화에 의해 소자에 기전력이 발생하는 현상은 초전(焦電) 효과라 부르며 이것을 응용해서 적외선의 검출, 더 나아가서는 침입자 검출 센서를 만들 수가 있다. 센서의 작용장치를 이해하기 위해 필요한 물질의 기본적인 특성과 각각의 효과에 대해 언급해 보고자 한다.

1. 도전성—전기가 얼마나 잘 통하는가?

물질을 전기가 통하기 쉬운 정도로 분류하면 양도체, 반도체, 절연체가 된다. 문자 그대로 양도체는 전기가 매우 잘 통하는 물질이다. 금속의 대부분이 이에 해당되며 도선으로 사용되고 있다. 이에 비해 절연체는 거의 전기가 통하지 않는다. 세라믹스나 플라스틱의 대부분은 절연체이다. 대표적인 세라믹스로서 자주 이용되는 산화알루미늄은 집적회로용 기판이나 패키지 재료로 이용되고 있으며 전선의 피복용으로는 플라스틱이 사용되고 있다. 양도체는 온도가 낮아져도, 높아져도 전기가 통하기

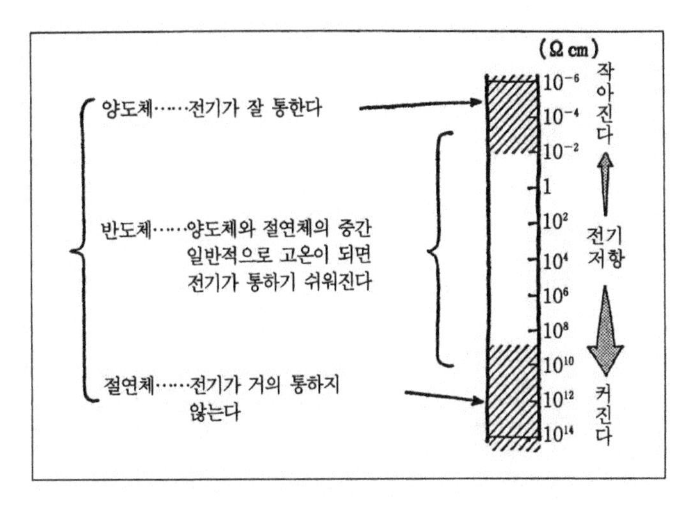

〈그림 3-1〉 물질의 도전성

쉽다. 자세히 말하면, 온도가 높아지면 약간은 전기가 통하기 어려워지겠지만, 어쨌든 어떠한 온도에서도 전기가 통하기 쉬운 것을 양도체라 한다. 이런 식으로 절연체를 말한다면 그것은 높은 온도에서도, 낮은 온도에서도 전기가 통하기 어려운 물질이라고 할 수 있다.

반도체는 일반적으로 양도체인 금속만큼은 전기가 통하지 않지만 절연체보다는 잘 통한다. 특수한 예를 제외하고 반도체는 온도가 낮으면 전기가 통하기 어렵지만 온도가 높아지면 통하기 쉬워진다. 전기가 통하는 정도가 온도에 따라서 변한다는 성질을 역으로 이용하면 전기가 통하는 정도를 측정함으로써 온도를 아는 것이 가능하게 된다. 즉, 온도 센서가 될 수 있는 것이다.

반도체의 종류는 많지만 캐리어로서 전자(電子)와 정공(正孔)

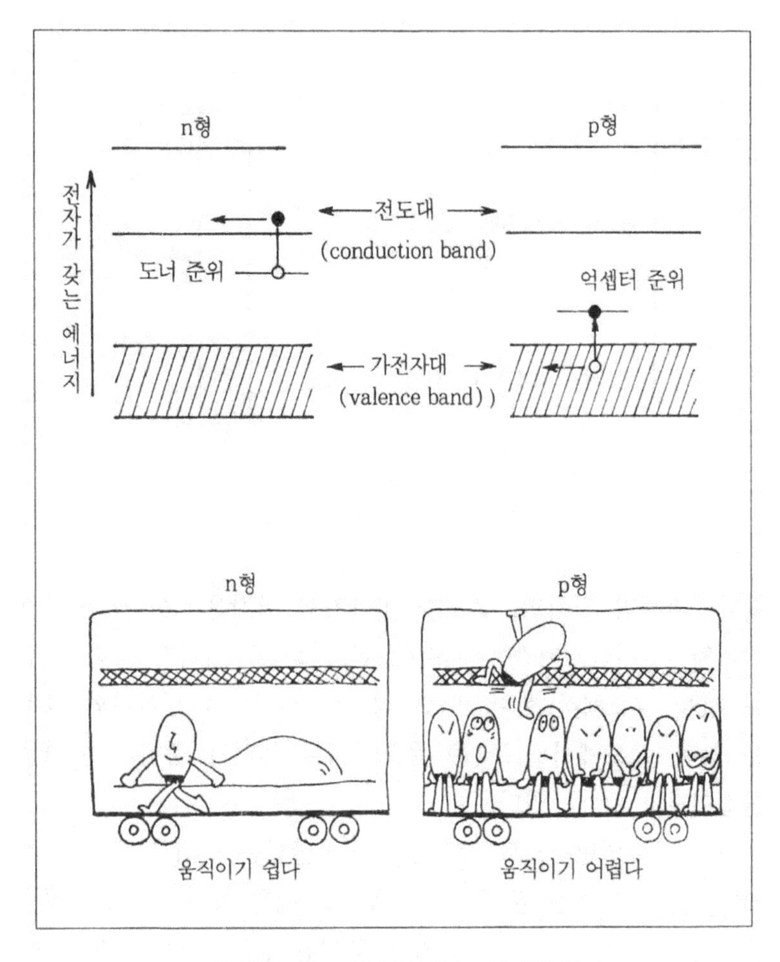

〈그림 3-2〉 n형 반도체와 p형 반도체

의 이동에 의해 반도성(半導性)을 띠는 반도체가 대부분이다. 이들 중 전자가 캐리어로 작용하는 것을 n형(Negative Type) 반도체라 하며 정공이 캐리어로 작용하는 것을 p형(Positive Type) 반도체라 한다. 반도체에 있어서 전자가 점유할 수 있는

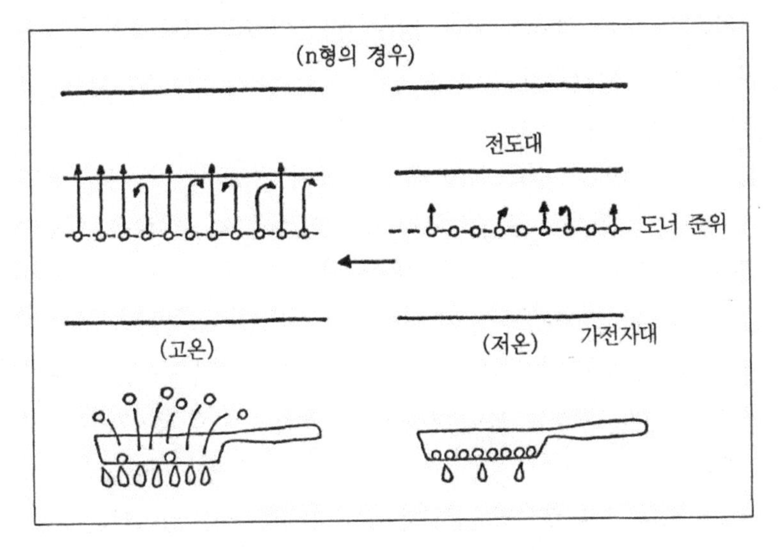

〈그림 3-3〉 고온이 되면 여기 확률 증가

에너지 값의 분포는 연속적이지 않은 것으로서 'Band'를 이루고 있는 것으로 알려져 있다.

n형에서는 그 전도대(傳導帶, Conduction Band: 전자가 존재할 수 있는 에너지 준위 중에서 가전자대(價電子帶)보다 한 단계 높은 준위의 밴드) 중의 전자의 이동이 전기를 통하게 하는 원인이 된다. 이 전도대 중의 전자 공급원은 미량으로 포함되는 불순물이 되거나, 또 불순물이 포함되어 있지 않은 순물질의 경우는 극히 일부 포함되는 원자가가 다른 원자가 바로 전자의 공급원이 된다. 물질 본체를 구성하는 원자에 있어서 전자는 통상 가전자대(Valence Band: 원자의 가장 외측의 전자궤도에 상당하는 에너지 대역)에 존재한다. 이 전자 중의 일부가 큰 에너지를 얻게 되면 전도대로 들어가는 것이 가능해지지만

이것은 온도가 상당히 높은 경우이다. 미량의 불순물이나 같은 원자에서도 원자가가 다른(일반적으로는 낮은 원자가) 원자로부터의 전자 방출은 보다 용이하다. 즉, 도너 준위(Donor Level: 전자를 방출하기 쉬운 미량의 불순물이나 원자가가 다른 원자가 만드는 에너지 준위)로부터 전도대로의 전자방출은 약간의 에너지로도 가능해진다. 전도대 중의 전자는 아무런 구속력이 없으므로 이때 전자의 이동은 마치 속이 텅 빈 전동차 내에서 사람이 자유롭게 움직일 수 있는 상황에 비유될 수 있다. 이런 경우 체중이 가볍고 몸이 날씬한 사람일수록 움직이기 쉬우며 전동차 내부의 폭이 넓을 때는 더욱 이동이 용이하다고 할 수 있다. 도너 준위로부터 전도대로 전자 방출이 일어나는 것을 '여기(勵起, Excitation)한다'고 하며 이 확률은 온도가 높아지면 증가한다. 온도가 올라가면 도너 준위의 전자는 여분의 에너지를 갖게 되며 이 여분의 에너지로 인해 전도대로의 전자 방출이 있게 된다. 즉, '여기한다'는 것은 가만히 있던 사람이 에너지가 충만해져 자리를 이탈하는 것에 비유할 수 있다.

한편 p형에서는 대부분의 전자가 가전자대에 구속되어 있는 상태라 할 수 있다. 이 경우 고온이 되면 가전자대의 전자는 전도대까지 여기되었다 해도 기껏해야 도중의 억셉터(Acceptor) 준위까지 이동된다. 억셉터란 전자를 받아들이는 '수용체'란 의미로서, 첨가되는 미량의 불순물 혹은 극히 일부 포함되는 본체와는 다른 원자가(일반적으로 높다)를 갖는 원자가 그 역할을 하게 된다. 억셉터 준위는 열차에 있어서 객석의 머리 윗부분에 수하물을 올려놓도록 설치되어 있는 선반에 해당되며 가전자대는 사람으로 가득 차 만원인 객석에 비유될 수 있다. 따라

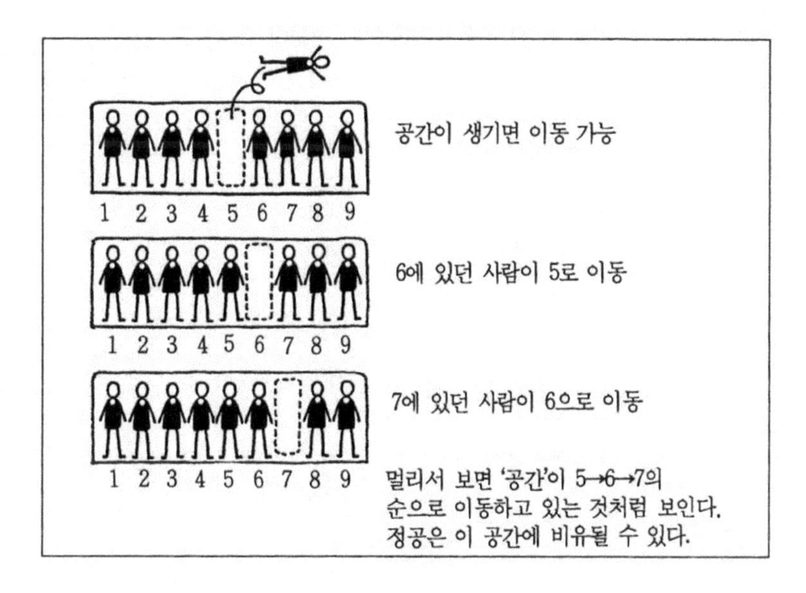

〈그림 3-4〉 정공은 공간 상태?

서 이와 같이 만원인 열차 내에서 사람이 이동한다는 것은 매우 어려운 일이라 할 수 있다. 그러나 온도가 올라가서, 다시 말해 객석 중에 흥분한 사람이 생겨서 객석 위의 선반으로 올라가게 된다면 그 결과 빈자리가 생기게 되고 객석의 사람들은 비로소 움직일 수 있는 여유가 있게 된다. 이때 인접한 옆 사람이 옆의 빈자리로 차례차례 이동한다면 빈자리는 반대 방향으로 한 칸씩 이동하게 된다. 만약 이러한 광경을 멀리서 바라본다면 빈자리를 이동하고 있는 것으로 보일 수도 있을 것이다. 이것은 마치 수증에 생긴 기포가 중력과는 반대 방향으로 위(수면)로 올라가는 것처럼 보이는 것과 같은 이치인 것이다.

전자로 충만되어 있는 가전자대에 있어서 '빈 곳'이 이동한다는 것은 흡사 플러스(+)의 전자가 이동하는 것으로도 볼 수 있

〈표 3-1〉 전자가 정공보다 이동이 쉽다

(단위 cm^2/volt·sec)

물질	전자의 이동도(μ_e)	정공의 이동도(μ_h)	비고
Si	1,300	500	
GaSb	4,000	1,400	
ZnO	200		
CdS	300	50	
α-SiC	400	50	
TiO_2	0.1~1		실온
	10^2~10^3		약 220℃ 이하
		200	약 730℃ 이상
CoO		0.3~0.4	

기 때문에 이 가상적인 (+)전자를 정공(Positive Hole)이라고 부른다.

물질의 도전율은 전자 또는 정공의 수와 이들(전자 및 정공)이 갖는 이동도(移動度: 이동이 얼마나 용이한가를 나타내는 정도)의 곱으로 정해진다. 즉, n형 반도체의 도전율 σ_n은 전자 농도 n_e와 그 이동도 μ_e, 전자 1개당의 전하량 e와의 곱인

$$\sigma_n = n_e e \mu_e$$

로 표시되며 마찬가지로 p형 반도체의 도전율 σ_p는 정공의 농도를 n_h, 그 이동도를 μ_h라 할 때

$$\sigma_p = n_h e \mu_h$$

가 된다.

〈그림 3-5〉 전기저항을 측정함으로써 변화를 알 수 있다

일반적으로 전자의 이동도 μ_e와 정공의 이동도 μ_h 사이에는 물질이 유사한 경우 $\mu_e > \mu_h$인 관계가 있다(〈표 3-1〉 참조). 열차가 텅 비어 있을 때 사람이 이리저리로 움직이는 것과 거의 만원인 상태에서 빈자리가 이동하는 것을 비교해 보면 어느 쪽의 이동이 보다 쉬운지 알 수 있을 것이다.

즉, n형 반도체에서는 전자 농도가 비교적 작더라도 도전율은 크게 되기 쉬운 것에 비해, p형 반도체에서는 정공 농도가 비교적 크더라도 도전율이 그다지 크게 되지 못하는 특징이 있다. 이것은 바꿔 말하면 n형 반도체에서는 전자 농도를 극히 조금 변화시킴에 의해 그 도전율을 크게 변화시킬 수 있지만, p형 반도체에서 같은 정도로 도전율을 변화시키기 위해서는 정공 농도를 매우 크게 변화시켜야 한다는 의미를 내포하고 있는 것이다. 그래서 산소의 흡탈착 기구(Mechanism)에 의해 프로

〈표 3-2〉 서미스터의 종류와 용도

기구(메커니즘)	물질·재료	용도
저항변화(캐리어 농도 변화)		
─반도체 기구(NTC) ─ 저온용(−130°~0℃) ─반도체 기구(NTC) ─ 상온용(−20°~+300℃)	Mn, Ni, Co, Fe 등의 천이금속 산화물	냉동기 가전제품 등
─반도체 기구(NTC) ─ 중온용(250°~550℃) ─반도체 기구(NTC) ─ 고온용(500°~1000℃)	스피넬, 퍼보스카이트 타입 및 지르코니아, SiC 등	공정 관리 자동차 배기가스 정화
─상전이 ─ PTC ─ 상온용(0°~100℃)	반도성(Ba,Sr) TiO_3 고용체	전기밥통 등
─상전이 ─ PTC ─ 중온용(100°~300℃)	반도성(Ba,Pb) TiO_3 고용체	헤어 드라이어 등
─상전이 ─ CTR ─ 상온용(0~100℃)	바나듐산화물	화재경보기 등

판 가스 등과 같은 가연성 가스의 유무를 검출하는 가스 센서용 세라믹스에는 산화주석, 산화아연 등의 n형 반도체가 이용되고 있으며, 가스 환경의 영향을 너무 받으면 곤란한 온도 센서, 즉 서미스터(Thermistor)로서는 산화니켈, 산화망가니즈 등 철족(천이금속)산화물과 같은 p형 반도체가 사용되고 있다.

A이면 전기가 잘 통하지 않지만 B가 되면 전기가 통하기 쉽게 된다는 반도체의 성질을 역으로 이용하면 A와 B의 상태를 판별할 수 있는 센서로서의 응용이 가능하게 된다. 즉, 전기가 잘 통하는지의 여부를 측정함으로써 간접적으로 A와 B의 상태를 알 수 있게 된다. 여기서 A와 B의 조건은 예를 들어 밝고,

어두운(明, 暗) 상태일 수도 있고 건조하고, 습기가 많은(乾, 濕) 상태를 의미할 수도 있는 것이다. 반도체 중에서 특히 세라믹 반도체는 내열, 내식성 등이 강할 뿐만 아니라 주위의 상황을 판단하여 거동을 바꾸는 것이 가능한 임기응변적인 센스(知覺)가 있기 때문에 센서로서의 응용 폭이 점점 확대되고 있다.

ⅰ) 저항의 온도 변화

반도체의 도전율은 n형의 경우 전도대의 전자의 수가 많을수록, p형에서는 가전자대의 정공의 수가 많을수록 커진다. n형에서는 도너 준위에 있는 전자의 일부가 여분의 에너지를 얻게 되면 전도대로 '여기'된다. 이때 어느 정도의 전자가 도너 준위에 남고, 어느 정도가 전도대로 여기되는가의 비율은 도너 준위로부터 전도대까지의 에너지차(에너지 장벽의 높이)와 온도의 관계로부터 정해진다. 이 에너지 벽의 높이가 일정한 경우에는 온도가 높을수록 에너지 벽을 뛰어넘을 수 있는 전자의 수가 증대된다. 이러한 이유 때문에 일반적으로는 온도가 높아지면 전기가 흐르기 쉬워지는 것이다. p형에서도 억셉터 준위로 여기되는 전자의 수, 즉 가전자대에 생성되는 정공의 수는 온도가 높아질수록 많아진다. 온도(T)와 저항(R)의 관계는

$$R = R_0 \exp(B/T)$$

로 주어진다. 여기서 R_0와 B는 각각 재료에 따라 정해지는 정수로서 특히 B를 B정수라 한다. 온도가 1K 변화하는 데 따라 저항이 어떠한 비율로 변환하는가를 나타내는 온도 변화율 α는 앞의 식을 미분함으로써

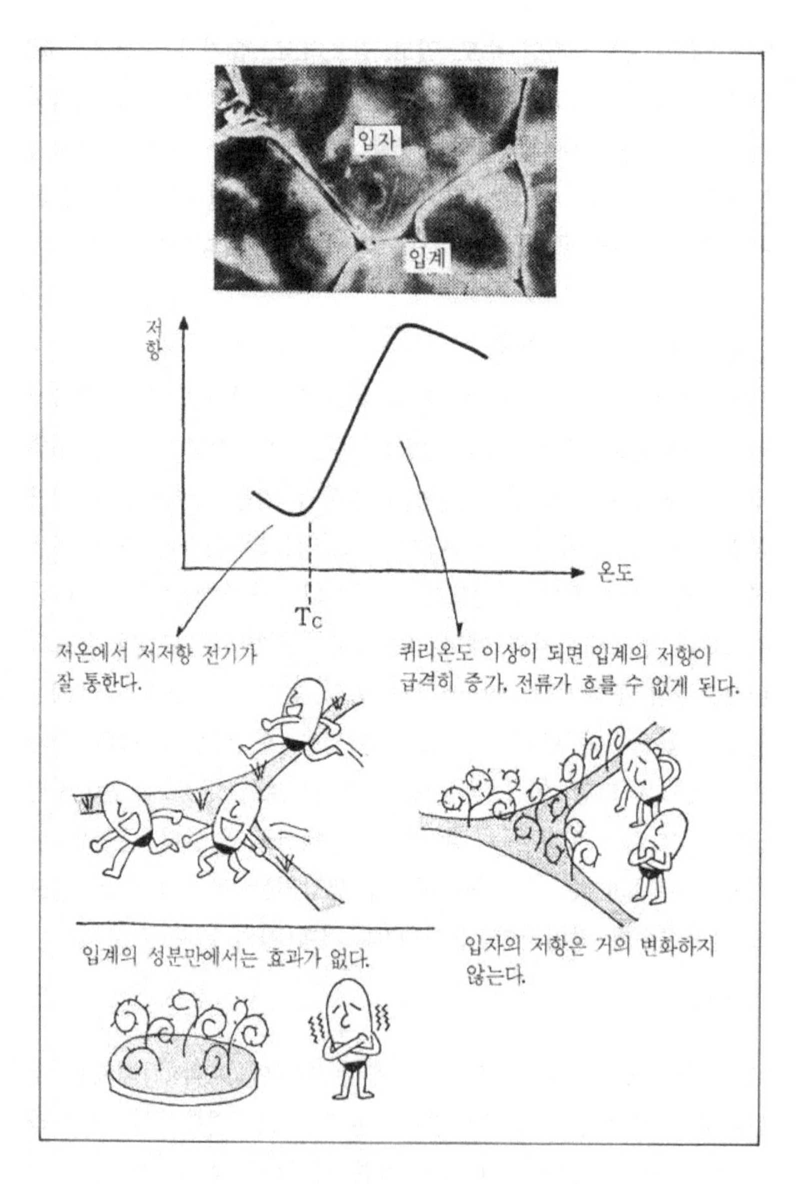

〈그림 3-6〉 타이타늄산 바륨의 PTC특성

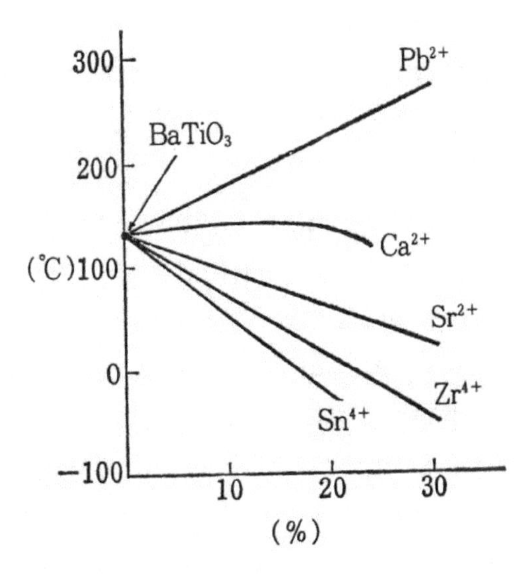

〈그림 3-7〉 타이타늄산바륨에 고용시키는 여러 이온들의 양과 퀴리온도

$$\alpha = d(R/R_0)dT = -B/T^2$$

으로 주어진다. 철, 망가니즈, 니켈 등 천이금속의 산화물에서 B의 값이 2,000~5,000 정도가 된다. 따라서 실온 부근(간단히 300K로 하면)에서는 온도가 1도 변화하면 2~5%의 저항값이 변하게 된다. 온도계를 사용하여 10분의 1℃씩 구분하여 측정하는 것은 매우 어렵지만 저항값의 경우 0.1%의 변화를 측정하는 것은 용이하다. 즉, 저항률의 변화를 측정함으로써 100분의 1℃ 정도의 온도 변화를 아주 쉽게 알 수 있는 것이다.

그렇기 때문에 에어컨이나 건조기, 전자기기 등에서 온도 변화를 정확히, 그리고 간단히 측정할 때에는 반도체 세라믹스가 온도 검출소자로서 빠짐없이 사용되고 있다. 저항이 온도에 따라서 변하는 소자를 Thermal Resistor, 약칭해서 Thermistor

라 부른다. 저항값이 온도가 증가함에 따라 감소하는, 즉 온도 계수가 음(-, Negative)인 것을 Negative Thermistor, 줄여서 NTC(C는 계수 Coefficient를 의미)라 한다. 반도체의 일반적인 특성은 NTC이다. 그러나 일부의 반도체에서는 반드시 NTC의 특성을 갖는다고는 말할 수 없다. 콘덴서 재료로서 개발이 진척되어 왔던 타이타늄산바륨($BaTiO_3$)이 여러 차례 도전성을 보이는 것으로 관측되었기 때문에 많은 연구자들은 어떻게든지 이것의 절연성을 높여 보고자 많은 노력을 하였다. 그러는 중에 일부의 연구자들은 그 발상을 전환하여 이러한 도전성 내지는 반도성을 적극적으로 연구하기 시작하였다. 그들은 타이타늄산바륨에 미량의 산화란타넘을 첨가하여 소성(燒成)하였을 때 〈그림 3-6〉과 같은 특이한 온도-저항 곡선을 보이는 것을 알게 되었다. 이 온도-저항 곡선을 살펴보면 저온 쪽에서는 저(低)저항이고, 퀴리온도라 불리는 온도 부근에서는 급격히 저항이 증대하며, 고온 쪽에서는 고(高)저항이 됨을 알 수 있다. 이것의 특징은 퀴리온도 부근에서 온도 상승과 더불어 저항이 증대하는 것으로서 온도계수가 양(+, Positive)이 된다는 점이다. 이러한 온도-저항 특성을 갖는 것을 PTC서미스터라 하며 이것은 히터, 온도 센서, 스위치의 3역을 하는 다기능 소자로서 이용되고 있다.

퀴리온도는 타이타늄산바륨의 조성을 바꿈으로써 변화될 수 있다. 즉, 전자보온밥솥용으로는 $BaTiO_3$에서 Ba의 일부가 Sr로 치환되는 것이, 그리고 헤어드라이어나 이부자리 건조기용으로서는 Ba의 일부를 Pb로 치환한 것이 이용되고 있다. 그러나 어떠한 메커니즘에 의해 어느 특정 온도에서 급격히 저항이

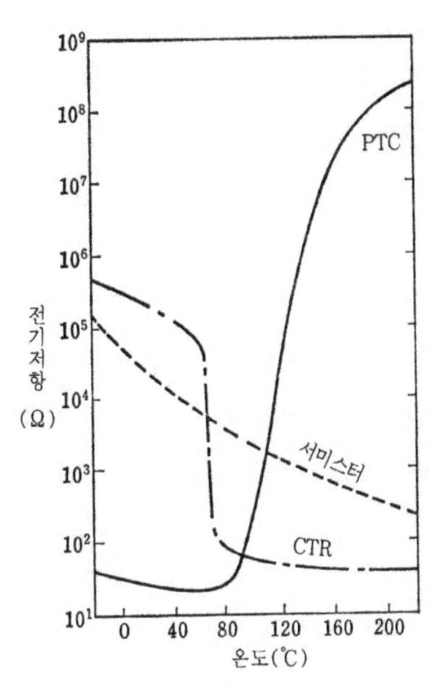

〈그림 3-8〉 감온반도체의 온도특성

증가하는가는 많은 연구자들이 필사적으로 연구하고 있음에도 불구하고 아직 확실하게 밝혀지지는 못한 상태이다. 단지, 저항이 급격히 변하는 온도는 타이타늄산바륨의 결정구조가 변하는 온도라는 점과 이러한 온도-저항 특성이 소결체(燒結體)의 입자(粒子)와 입계(粒界)라는 2종류 구조의 상호작용에 기인한다는 사실만이 확인된다. 그러나 이 경우 타이타늄산바륨 입자 자신의 저항값은 퀴리온도 전후에서는 거의 변화하지 않으며 입계의 저항값은 퀴리온도의 전후에서 크게 변화하는 것으로 알려져 있다. 그렇다고 해도 입계의 성분만을 취해서 이를 다시 소결체로 만드는 경우 그 저항값은 여전히 크지만 온도 변화에 대해서 급격하게 변화하지는 않는다. 다시 말해 독특한 온도—

저항 특성이 발휘되기 위해서는 입자와 입계, 양쪽이 모두 필요한 것이다. 사람에 견주어 말한다면 개인의 성격으로는 집단심리가 이해될 수 없는 것처럼 서로 다른 성격을 갖는 두 사람이 어울려서 생각지도 못한 전혀 뜻밖의 상황을 만들어 내는 것과 같은 이치이다.

역으로 저항값이 어느 특정 온도에서 매우 급속히 감소하는 서미스터도 있다. 산화바나듐(V_2O_5, V_2O_3 등)의 경우 약 70℃ 이하에서는 고저항을 보이지만 70℃를 넘게 되면 저항이 매우 급격히 감소한다. 이러한 서미스터는 어느 특정 온도인 임계온도(Critical Temperature)에서 저항이 크게 급변한다는 의미에서 Critical Temperature Resistor, 줄여서 CTR이라고 부른다. 이들은 예민한 신호(Signal)를 내야 할 필요가 있는 화재경보기 등의 센서로서 사용되고 있다.

ii) 도전율의 산소분압 의존성

세라믹스 중에는 결정구조로부터 예상되는 양(+)이온과 음(-)이온의 비, 예를 들어 암염(NaCl)형 구조에서는 1대 1이 되지만, 이것과는 다른 것이 있다. 산화니켈(NiO)도 구조는 암염형으로서 Ni와 O가 당연히 1대 1의 비가 되어야 하는 것이지만 실제 Ni는 1보다 작고 O는 1이 된다. 즉, $Ni_{1-\delta}O$로 표현되는 조성으로 되어 있다. 산화아연(ZnO)의 경우도 Zn과 O가 1대 1의 비가 아닌, Zn가 1보다 큰 $Zn_{1-\delta}O$의 형태로 표시된다. 이 외에도 $Co_{1-\delta}O$, $UO_{2+\delta}$ 등 약간의 편차를 의미하는 δ를 이용하여 표현될 수 있는 화합물을 비화학량론(Non-Stoichiometry)적 산화물이라고 한다. 산화니켈을 예로 들어 Non-Stoichiometry

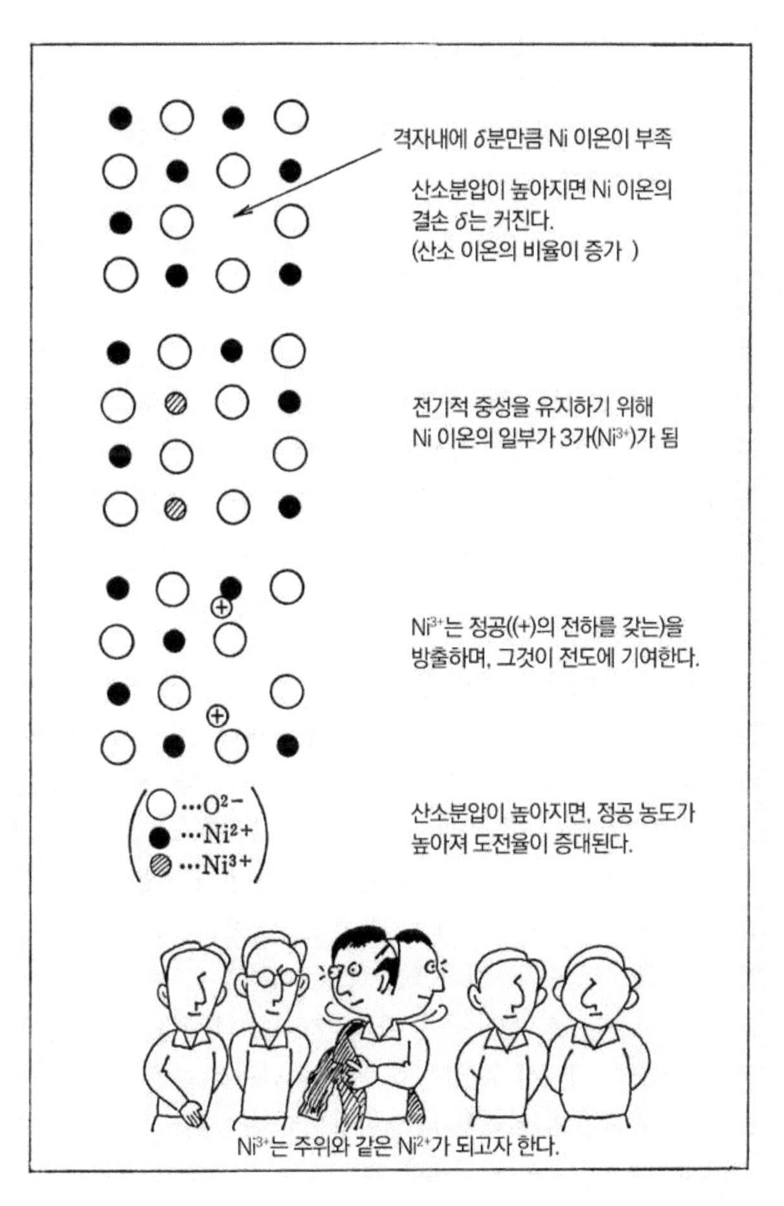

〈그림 3-9〉 $Ni_{1-\delta}O$의 도전 기구

가 어떻게 해서 생기고 그것이 전기적인 성질에 어떠한 영향을 미치는가를 생각해 보기로 한다. $Ni_{1-\delta}O$의 δ는 산소의 분압(分壓: 전체 가스압 중에서 산소 자신이 차지하는 압력)이 높아지면 커진다. 이것은

$$(1-\delta)NiO + \frac{1}{2}O_2 \rightleftarrows Ni_{1-\delta}O$$

와 같이 표시되는 화학식에서 알 수 있는 것처럼 산소분압이 높아지면 좌변으로부터 우변으로 반응이 이행되기 때문이다. 여기서 δ는 산소분압의 2분의 1제곱에 비례한다. $Ni_{1-\delta}O$에서는 양이온 전하의 균형을 맞추기 위해 일부의 Ni는 3가로 되어 있다. 3가의 Ni가 2가로 변할 때 정공(h)을 방출한다.

$$Ni^{3+} \rightarrow Ni^{2+} + h(\text{정공})$$

전자의 입자에서 보면 Ni^{3+}가 1개의 전자를 수용하면 정공이 1개 생성되므로 Ni^{3+}는 억셉터가 되는 셈이다. 이 경우 정공이 이동하면 전류가 흐르게 되어 p형 반도성이 된다. 정공의 농도는 Ni^{3+}의 농도에 비례한다. Ni^{3+}의 농도는 산소분압의 6분의 1제곱에 비례한다. 따라서 $Ni_{1-\delta}O$에서의 p형 도전율도 산소분압의 6분의 1제곱에 비례하게 된다. 도전율을 측정하면 산소분압을 측정할 수 있다. 산화아연에서는 여분의 Zn이 도너의 역할을 함으로써 n형 반도성이 된다. $Zn_{1+\delta}O$의 δ는 산소분압의 -(1/2)제곱에 비례하며 n형 도전율은 산소분압의 -(1/4)제곱 또는 -(1/6)제곱에 비례한다. 일반적으로 도전율(σ)이 산소분압(Po_2)의 n분의 1제곱에 비례할 때

$$\sigma \propto Po_2^{1/n}$$

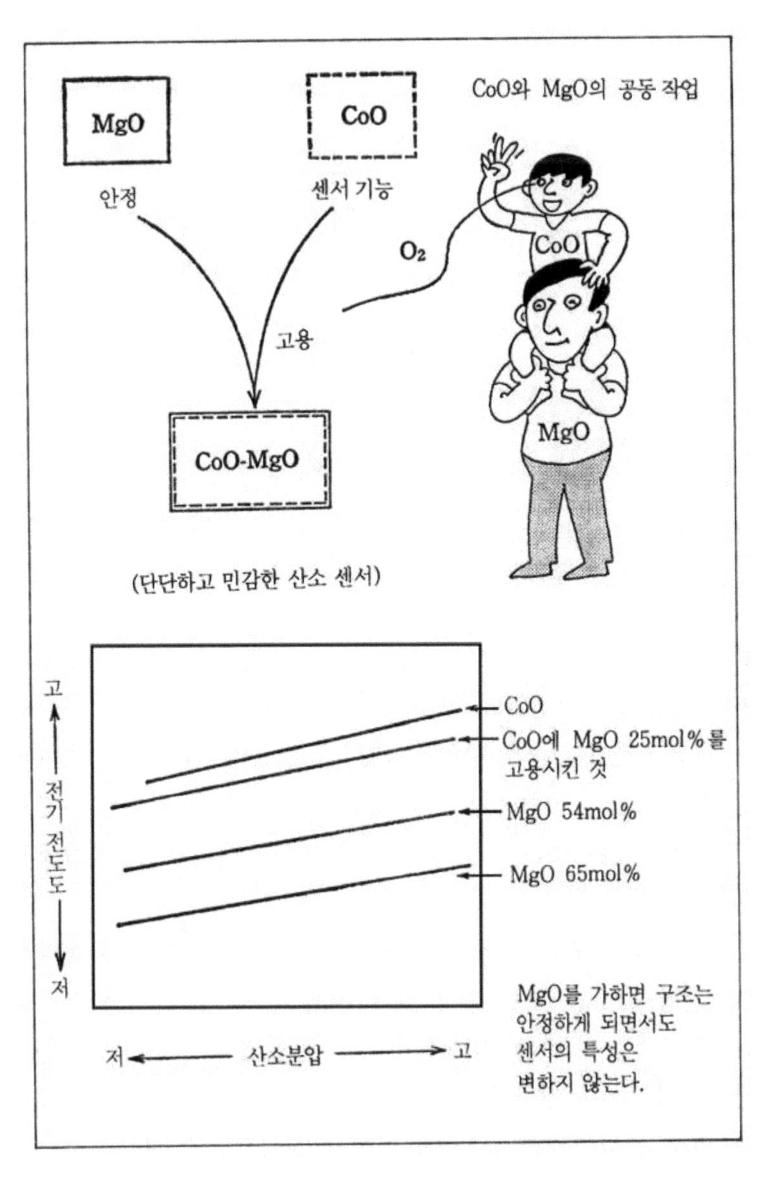

〈그림 3-10〉 CoO-MgO계의 산소 센서

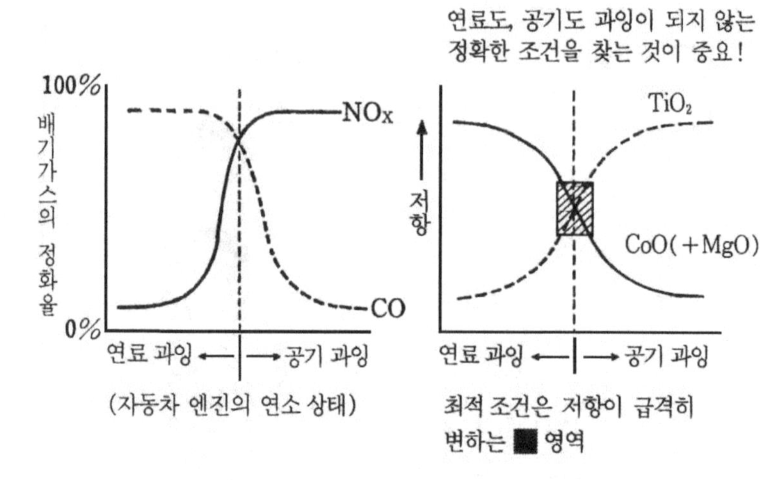

〈그림 3-11〉 산화물반도체의 'Non-Stoichiometry'에 의한 배기가스 정화조건의 설정

로 표시되며 이 경우 n이 양(Positive)이면 p형, 음(Negative)이면 n형으로 판정한다. 그러나 이것은 수학적으로 말하면 단지 충분조건이며, 산소분압에 의해 도전율이 변화하지 않는 n형 반도체 또는 p형 반도체도 많다. 산소분압에 의해서 도전율이 변화한다는 것은 n형 또는 p형 반도체에 있어서 필요조건은 아닌 것이다.

산소분압의 변화에 의해서 도전율이 변하는 현상을 이용해서 산소분압 센서를 만들 수가 있다. 이를 위해 실제 사용되고 있는 재료에는 산화타이타늄(TiO_2)과 산화코발트(CoO)가 있다. 산화타이타늄은 내구성, 내식성이 우수한 n형 반도체이기 때문에 원래 물의 전기분해 등에 있어서 전극으로도 사용할 수 있는 정도이다. 이것은 수백℃의 고온에서 산소분압에 의해서 도전율이 변화하게 된다. 한편 p형 반도체로서의 산화코발트는 그다지 내구성이 좋은 편이 못 되기 때문에 보다 안정하고 동일한 결정구조를 갖는 산화마그네슘(MgO)과 곧잘 고용(固溶: 결정 중에서 균일하게 서로 용해시킴)시킴으로써 안정화시키고 있다. 산소분압에 의해서 도전율이 변하는 센서 기능의 본성은 산화코발트로부터 나오는 것이지만 그 특성을 안정화시키기 위해서는 산화마그네슘을 사용한다. 즉, 산화코발트와 산화마그네슘의 2인 3각인 셈이다.

산화타이타늄과 산화코발트(+산화마그네슘)의 산소분압 센서는 자동차의 배기가스로부터 일산화탄소(CO)와 NOx를 제거하기 위해 이용되고 있다. 이에 대한 설명을 〈그림 3-11〉에 나타냈다. 산소분압 센서에는 이 외에도 지르코니아(ZrO_2)를 사용하기도 하지만 그 원리가 다르다. 지르코니아 센서에 대해서는 뒤의 이온 도전율성에서 설명하기로 한다.

ⅲ) 가스 흡탈착에 의한 도전율의 변화

내구성이 양호한 n형 산화물에 산화주석(SnO_2)이 있다. 이 산화주석은 소결하기가 어렵지만 표면적이 큰 다공질체(多孔質體)로서 안정하게 존재한다. 다공질의 산화주석을 공기 중에 두면 산소 가스를 흡착해서 고저항이 된다. 산소 가스의 흡착을 위해서는 전자가 필요하며 그 전자는 산화주석으로부터 보급된다. 여기에 일산화탄소 등의 가연성 가스가 접촉하면 흡착산소와 반응하여 연소한다. 그 결과 이산화탄소와 수증기가 생성되면 전자가 남게 되어 산화주석으로 되돌아간다. 이렇게 해서 산화주석은 산소 가스 흡착 이전의 저(低)저항 상태가 되는 것이다. 산화아연(ZnO)에서도 동일한 현상이 일어난다. 단지, 산

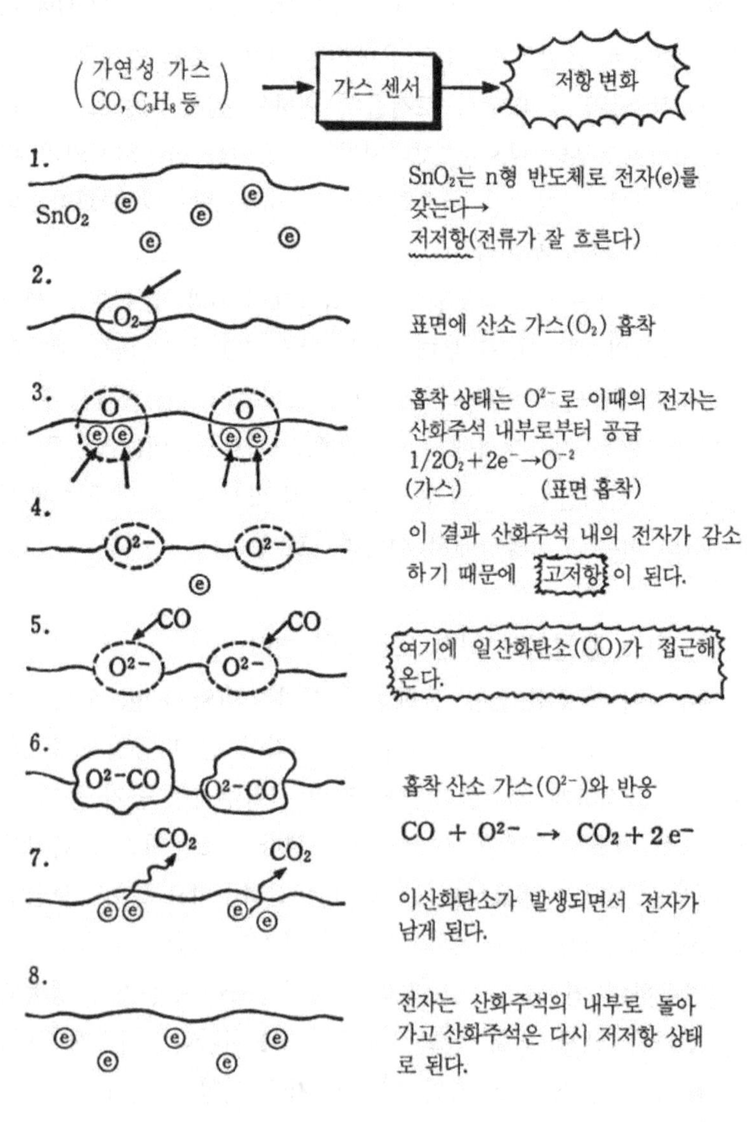

〈그림 3-12〉 가스 센서의 원리

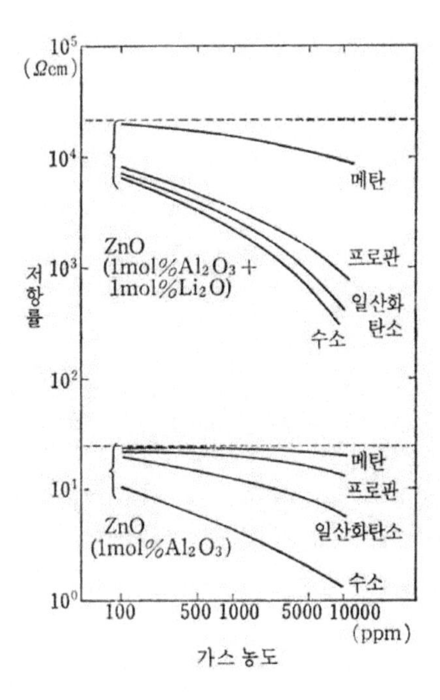

〈그림 3-13〉 ZnO 센서의 저항률과 가스 농도 의존성

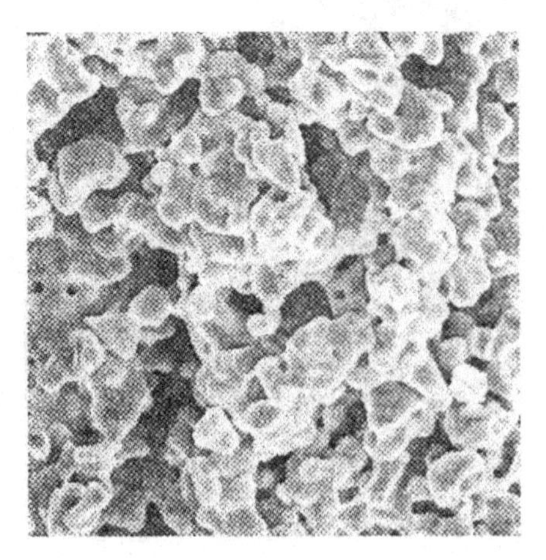

다공질 반도성 ZnO의 전자현미경 사진

다공질 반도체를 사용한 가스 센서

〈그림 3-14〉 가스 누설 센서의 해프닝

화아연의 경우 그 자체만으로는 내구성이 좋지 않기 때문에 안정화를 위해 산화알루미늄(Al_2O_3)을 첨가하며 또한 도전율이 너무 커지지 않도록 산화리튬을 가하는 등 약간의 추가 공정이 필요하다.

가연성 가스 농도와 저항의 관계를 〈그림 3-13〉에 나타냈다. 가스 농도가 증가하면 저항이 감소하기 때문에 가연성 가스의 존재(가스 누설)를 알 수 있게 되는데 이것이 바로 가스 누설 센서인 것이다. 그러나 가스의 종류에 따라서 감도가 다르다. 일반적으로 일산화탄소에는 그다지 예민하게 반응하지 못하지만 알코올에는 매우 민감하게 반응한다. 맹독성인 일산화탄소는 미량이라도 검출해 내야만 하기 때문에 이에 대한 감도를 높여야 하는데, 그렇게 되면 알코올에도 너무 민감하게 반응해 버리게 되는 문제점이 생긴다. 실내에서 술을 따뜻하게 데우는 것만으로도 알코올 성분이 감지되어 센서가 동작되기 때문에 오히려 귀찮은 생각이 들어서 센서의 전원을 꺼 버리는 등의 경우도 있을 수 있는 것이다. "늑대가 나타났다! 늑대가 나타났다!"고 거짓말을 해서 번번이 큰 소동을 빚었던 어린 소년의 말을 점차 믿지 않게 되어 막상 늑대가 나타났을 때 아무도 그 소년을 도와주려 하지 않았다는 우화가 생각난다. 유감스럽게도 아직 가연성 가스 센서는 이와 유사한 상황에 있다. 따라서 오직 일산화탄소에만 반응하는 센서 또는 프로판 가스에만 반응하는, 즉 가스 선택성이 양호한 센서를 개발하고자 하는 것이 센서를 연구하는 사람들의 간절한 소망 가운데 하나가 되어 지금도 부단한 연구가 진행되고 있다.

선택성을 좋게 하기 위해서는 다공질의 산화주석 또는 산화

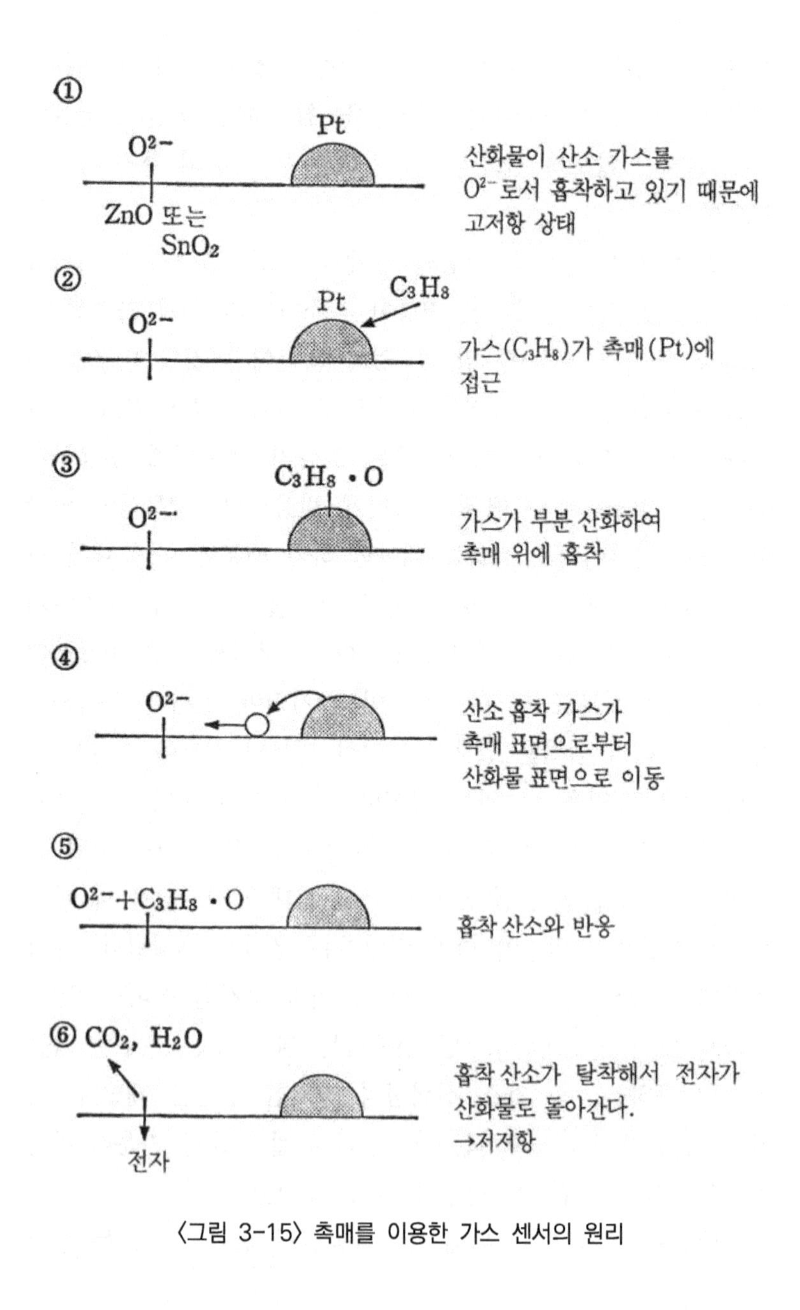

〈그림 3-15〉 촉매를 이용한 가스 센서의 원리

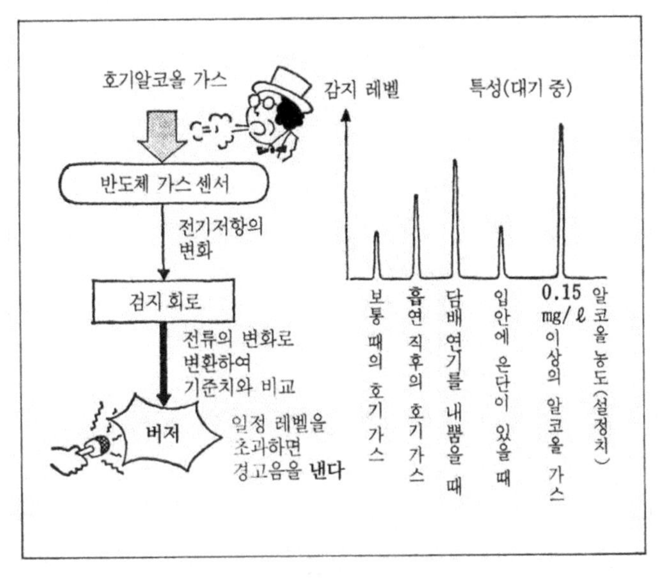

〈그림 3-16〉 음주감지기의 원리

아연의 표면에 촉매가 되는 백금(Pt), 팔라듐(Pd) 등을 분산시키는 방법이 있다. 이러한 경우 프로판(C_3H_8) 등의 가스를 촉매가 부분적으로 산화시킨다. 부분산화된 가스가 촉매로부터 떨어져 나와(이것을 'Spill Over'라 한다) 흡착산소와 반응한다. 이렇게 해서 이산화탄소(CO_2)와 수증기(H_2O)를 생성하면서 나머지 전자를 산화물로 다시 보내어 저저항이 되게 한다. 이때 촉매작용이 너무 활발하면 촉매에서 모든 산화반응이 일어나 버려 산화물 표면에 흡착된 산소와는 무관해진다. 즉 반응이 일어나도 저항 변화가 관측되지 않는다. 한편 프로판과 같은 큰 분자는 직접 표면 흡착하는 산소와는 반응이 어렵기 때문에 촉매가 없으면 저항 변화가 작아진다. 산소 가스의 흡탈착에 의해서 저항이 변화하는 현상을 이용하는 센서 재료에는

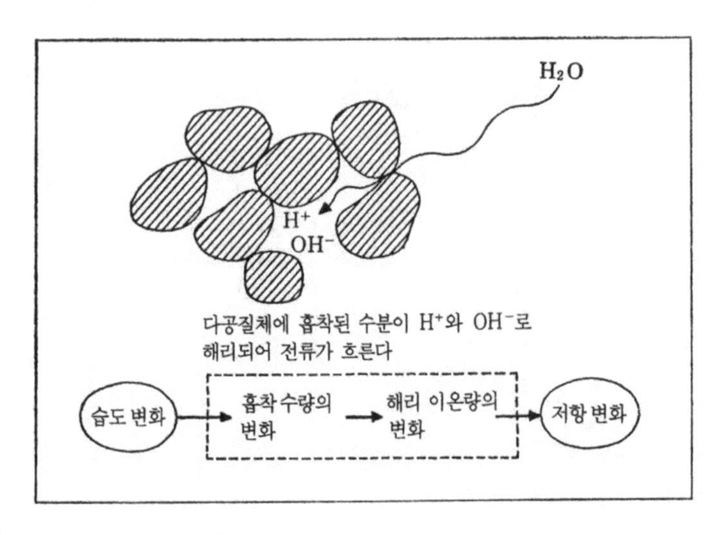

〈그림 3-17〉 습도 센서의 원리

〈그림 3-18〉 대립하는 것끼리 조합시킴으로써 효과가 얻어지는 습도 센서

이 외에도 산화인듐(In_2O_3), 산화텅스텐(WO_3) 등이 있으며 선택성, 내구성, 신뢰성 향상을 위한 연구가 계속 진행되고 있는 형편이다.

특히 알코올에만 잘 반응하는 센서로 란타넘니켈 산화물($LaNiO_3$)등이 이용되고 있다. 이것은 현재 음주운전의 체크 및 방지에 큰 역할을 하고 있다.

ⅳ) 습도에 의한 저항의 변화

습도가 변하면 전기저항이 변하는 세라믹스도 많다. 일반적으로 이들은 다공질이며 구멍 속으로 물을 흡착한다. 다음으로 산, 염기 등의 작용에 의해 수소 이온(H^+)과 수산기(OH^-)로 해리(解離)되어 전류가 흐르게 된다. 이것은 습도가 변하면 구멍 속으로 흡착되는 수분의 양이 변하게 되고 그 결과 전류 흐름의 원인이 되는 해리 이온의 양이 변하는 데 기인하는 것으로 설명되고 있다.

습도에 따라 저항이 변하는 세라믹스에는 여러 종류가 있지만 여기서는 3가지 계통에 대해 언급해 보기로 한다. 그 첫 번째는 산성 세라믹스와 염기성 세라믹스의 복합체이며, 두 번째는 n형 반도체와 p형 반도체의 복합체, 세 번째는 Host(주)와 Guest(객)의 복합체이다. 이들은 어느 것이나 서로 대립적인 산과 염기, p형과 n형, 주객 요소의 조합체라는 특징을 가지고 있다.

첫 번째 타입의 대표적인 예는 산성내화물(酸性耐火物)로서 안정한 산화타이타늄(TiO_2)과 염기성내화물(鹽基性耐火物)로서 사용될 만큼 안정한 마그네슘 크로뮴 스피넬($MgCr_2C_4$)과의 조

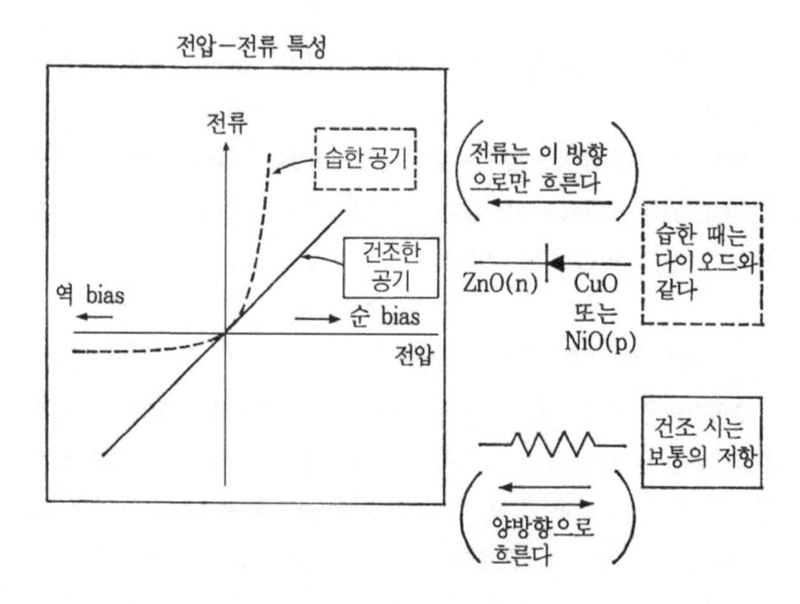

〈그림 3-19〉 p-n 접합에 의한 습도 센서

합체이다. 이 소자는 전자레인지에 사용되고 있다. 전자레인지의 경우 조리가 종료되면 수증기가 다량으로 발생해서 저항이 작아지게 되는데 어디까지 열처리할 것인지 미리 저항값을 정해서 세팅(Setting)해 두는 것이 좋다.

두 번째 타입은 산화니켈(NiO)이나 산화구리(CuO)와 같은 p형 반도체를 산화아연(ZnO)과 같은 n형 반도체와 접촉시킨 것이다. 필자의 연구실에서 발견해 낸 것으로 건조한 상태에서는 전압과 전류의 관계가 통상의 저항체와 같지만 습도가 높은 상태에서는 정류성(整流性)을 보이는 것이 있다. 즉, 습도가 높을 때 어느 방향의 전압 인가 시는 전류가 잘 흐르지만(저저항 상태), 전압의 극성을 반대로 했을 때는 전류가 잘 흐르지

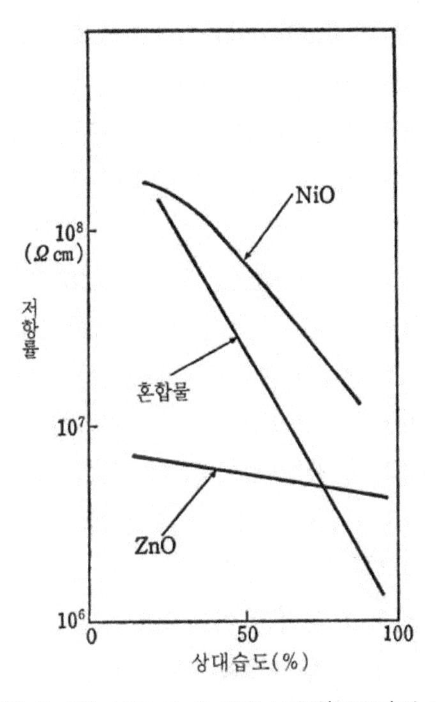

〈그림 3-20〉 NiO-ZnO 혼합소결체(800℃)의 감습특성

못하는(고저항 상태) 특성을 보인다. 바꾸어 말해 습기가 있는 환경에서는 보통의 p-n접합, 즉 다이오드와 같은 정류성이 발현되는 것이다. 이때 p형 반도체 쪽에 플러스, n형 반도체 쪽에 마이너스 전압을 인가하는 것을 '순(順)방향 Bias', 반대로 p형 쪽에 마이너스, n형 쪽에 플러스 전압을 인가하는 것을 '역(逆)방향 Bias'라 한다. 습기가 있을 때는 다이오드, 건조한 상태에서는 일반 저항이 되는 것이 이 소자의 특징이다. p형 반도체와 n형 반도체의 접합에 있어서는 그 접합면에 습도에 의해 일정량의 수분이 흡착되는 성질이 이용되고 있다. 광기전력을 나타내는 다이오드는 접합면에 틈이 없기 때문에 습도에

영향을 받지 않는다. CuO-ZnO, NiO-ZnO의 조합체에서도 틈을 완전히 없애면 습도에 반응하지 않게 된다. 틈이 새로운 특성을 부여해 주고 있는 것이다. 아마 완전한 것만을 추구하는 방법을 썼더라면 이러한 현상은 발견되지 못했을 것이라고 생각된다.

혼합물에서의 감습(感濕)특성은 p형 분체(粉體)와 n형 분체의 혼합으로 p-n접합이 이루어지는 것에 기인하는 것으로 보인다. 이 감습특성을 〈그림 3-20〉에 나타냈다. n형 산화아연 또는 p형의 산화니켈만으로 되어 있을 때보다 이들의 혼합물로 되어 있을 때 습도에 대해 직선적인 저항의 변화가 있음을 알 수 있다. 단, 최적의 혼합 비율은 입자의 크기 등에 따라 변화된다(이것도 필자의 연구실에서 발견한 것임).

세 번째 습도 센서의 타입은 이동하기 쉬운 리튬 이온 Li^{+}을 포함하는 산화물이다. 리튬 이온은 작아서 결정 사이로 침투해 들어가기가 용이하며 또한 염기성이기 때문에 수분이 흡착되면 전류가 흐르기 쉬워진다. 이와는 반대로 건조해지면 저항이 커진다. 이동이 쉬운 리튬 이온을 포함하는 결정으로서 산화아연, 산화바나듐 등이 있다. 통상 침투의 대상이 되는 결정을 Host, 침투해 들어가는 이온을 Guest라 부르지만 이 경우는 수분을 Guest, 그것을 받아서 저항의 변화로서 작용을 하는 리튬 이온은 Host로 볼 수 있으며 결정은 Host가 들어가는 House라 할 수 있다. 그래서 필자는 이것을 'House-Host-Guest 효과'라 부르고 있다. House가 빈약하면 Host인 리튬 이온은 수분이 붙어 있는 동안 피로해져 버린다. 그러나 house가 너무 훌륭하면 Host는 의기소침해져서 Guest가 와도 응대하지 않게 된다.

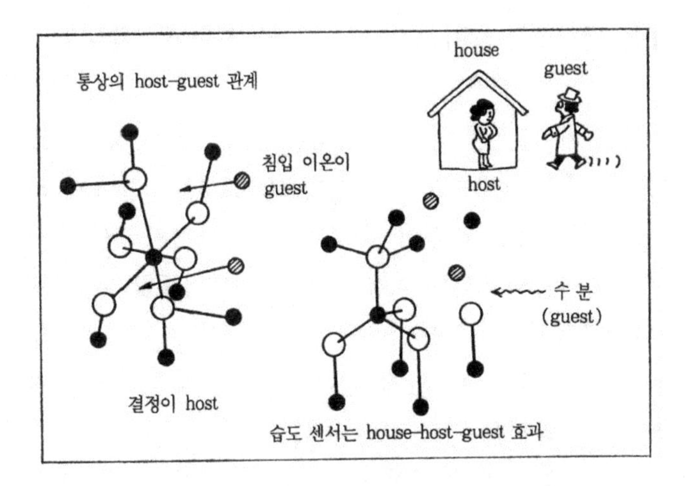

〈그림 3-21〉 host-guest형 습도 센서

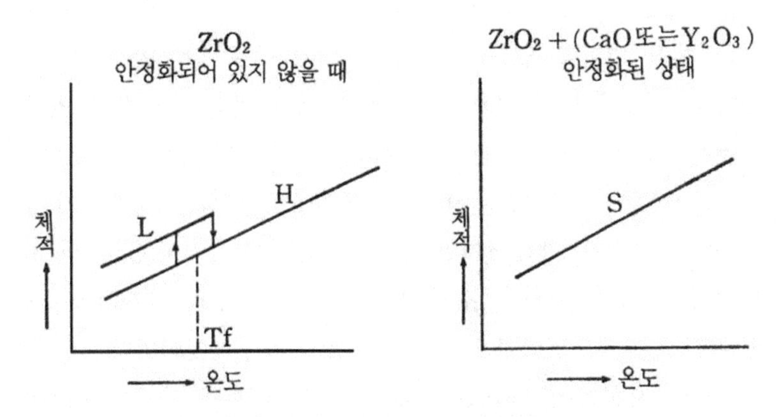

H: 미안정 지르코니아의 고온상(정방정계)
L: 미안정 지르코니아의 저온상(단사정계)
S: 안정화 지르코니아(입방정계)

〈그림 3-22〉 지르코니아의 온도-체적 관계

2. 이온 전도성—이온이 전기를 통하게 한다

이온이 이동하기 때문에 전기가 통하는 것도 있다. 세라믹스의 대부분은 양이온과 음이온이 정전기적(靜電氣的) 인력에 의해 결합되어 있다. 마치 좌석이 승객으로 꽉 들어찬 열차에서 빈자리가 생기면 이 빈자리를 이용해서 승객이 이동할 수 있게 되는 것처럼, 결정의 곳곳에 이온의 결함이 있는 세라믹스의 경우에도 이온이 이동할 수 있게 된다. 이러한 세라믹스 물질의 대표적인 것이 안정화 지르코니아이다.

지르코니아(ZrO_2)는 열에 강하고 용융된 금속에도 침투당하지 않기 때문에 내화물로서 우수한 성질을 갖는다. 그러나 〈그림 3-22〉의 왼쪽에 나타낸 것처럼 T_f라는 온도의 전후에서 특이한 체적 변화를 일으키기 때문에 내화물로 만들어진 지르코니아도 반복해서 사용하면 조각조각 깨져 버리는 결점이 있다. 이것은 T_f 부근에서 지르코니아의 결정구조가 단사정계로부터 정방정계로 변하기 때문이다. 이 결정구조 변화를 억제하기 위해 많은 연구가 행해졌지만 성공한 것은 카르시아(CaO)나 이트리아(Y_2O_3)를 가하여 소결 시 이들이 지르코니아(ZrO_2)의 결정구조 속으로 들어가게 하는 방법에 의한 것이었다. 〈그림 3-22〉의 오른쪽에 나타낸 것처럼 온도—체적의 관계가 매끄럽게 되어 있음을 알 수 있다. 이것은 내화물로서 사용하는 데 적합하기 때문에 안정화 지르코니아라고 부른다.

그러나 이 재료는 내화물로서만 우수한 성질을 갖는 것은 아니었다. 만약 ZrO_2만이라면 결정 중의 지르코니움 이온 Zr^{4+}의 위치나 산소 이온 O^{2-}의 위치는 모두 각각의 이온으로 빈틈없

ZrO_2에 15mol% CaO를 고용시키면
$0.85 \times (ZrO_2) + 0.15 \times (CaO)$
$\rightarrow Zr_{0.85}\ Ca_{0.15}\ O_{1.85}$
양이온과 음이온의 비는
순수한 ZrO_2……1 : 2
$Zr_{0.85}\ Ca_{0.15}\ O_{1.85}$……1 : 1.85
} 이 차만큼 산소 이온이 부족

산소 이온만 본다면

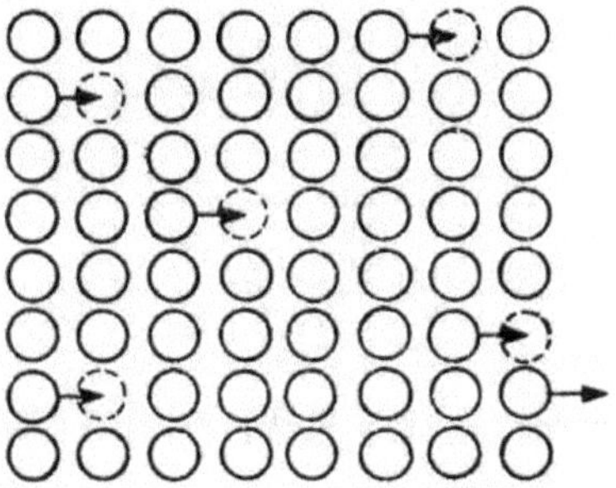

200개 중 15개가 부족한 상황이므로 이 결함을 매개로 해서 산소 이온이 이동, 전기가 흐른다.

〈그림 3-23〉 안정화 지르코니아의 이온 도전성

이 밀집하게 된다. 그러나 CaO나 Y_2O_3를 양이온과 음이온 수의 비가 1:2인 ZrO_2의 결정 속에 침투시키면 양이온에 대한 음이온(산소 이온)의 비가 낮은 물질을 넣어 주는 결과가 되기 때문에 산소 이온의 위치에 빈자리가 생기게 된다. 이 산소 이온의 공석(이것을 산소결함이라고 부른다)을 매개로 해서 산소 이온을 이동하게 된다. 이처럼 격자가 비어 있는 곳을 매개로 해서 이온이 이동하는 기구(Mechanism)를 격자결함 기구라 한다. 지르코니아에 있어서 산소 이온이 움직이면 당연히 전기도 통하게 되므로 이것을 '산소 이온 전도체'라고 부른다.

물에 용해된 식염(NaCl)의 나트륨 이온(Na^+)이나 염소 이온

〈그림 3-24〉 이온 전도체의 2가지 도전 기구

(Cl^-)이 이동할 때 이 식염(소금)을 전해질(電解質)이라고 부르는 것처럼 고체 중에서 이온이 이동하는 안정화 지르코니아와 같은 것을 고체 전해질이라고 부른다. 이온이 이동하는 물질의 예로서는 이 외에도 '베타 더블 프라임 산화알루미늄'이라 불리는 $Na_2O \cdot MgO \cdot 5Al_2O_3$, 플루오린화란타넘($LaF_3$), 아이오딘화은(AgI), 황화은($Ag_2S$) 등이 있다. 그러나 이들 모두가 소위 '만원 전동차의 빈자리'를 매개로 하는 이동 기구는 아니고, 개중에는 자리의 수보다 사람의 수가 많아서 간혹 무엇인가 용무가 있어 좌석을 비우게 될 때 이것을 노려 서 있는 사람 중 누군가가 이 좌석을 차지해 버리는 것과 같은 이동 기구도 있다. 이것을 'Inter-Stitial 기구' 또는 '격자간 기구'라 부르고 있다. 여러 연구자들은 '베타 더블 프라임 산화알루미늄'이 아마 이 기구가 아닌가 하고 생각하고 있다.

i) 농도—압력차에 의한 기전력 효과

지르코니아(ZrO_2)에 카르시아(CaO)나 이트리아(Y_2O_3)를 가해서 소결하면 이들이 결정 속으로 침투해서 산소 이온의 격자결함이 생긴다는 것을 앞에서 언급하였다. 이렇게 해서 지르코니아는 산소 이온이 이동하는 산소 이온 전도체가 된다. 게다가 전자와 정공의 이동이 거의 없는 순수한 이온 전도체가 되는 것이다. 〈그림 3-25〉에서 보는 것처럼 치밀한 구조를 하고 있는 지르코니아 벽을 가운데 두고 양쪽의 산소분압을 다르게 하면 지르코니아 중에서 이동할 수 있는 것은 산소 이온 O^{2-}뿐이다. 이러한 도전 기구에 있어서 산소분압비에 따른 기전력은

$$E = (RT/4F)\ln(P_{I}/P_{II})$$

로 주어진다. 여기서 R은 기체정수, T는 절대온도, F는 패러데이 정수, In은 자연대수, P_I, P_{II}는 각각 산소분압이다. 이 식 그대로는 알기가 어렵기 때문에 이것을 좀 더 쉽게 표현해 보면

$$E(mV) = 0.0498 \times T(K) \times \log(P_{I}/P_{II})$$

가 된다. 만약 산소분압이 양측에서 1자리 차이가 나고 온도가 1,000K(727℃)일 때는 E=49.8mV가 얻어지게 된다. 산소 가스의 농담(濃淡)으로 기전력이 생기기 때문에 이것을 농담전지라고도 부른다.

본래 내화물로서 개발된 지르코니아가 산소 이온 전도성도 갖고, 치밀하게 소결하면 산소 센서가 되기도 하는 것이다. 이것은 내화물이기 때문에 용광로 속이나 고온의 자동차 배기가스 중에 넣어도 별다른 문제가 생기지 않는다. 전에는 용광로

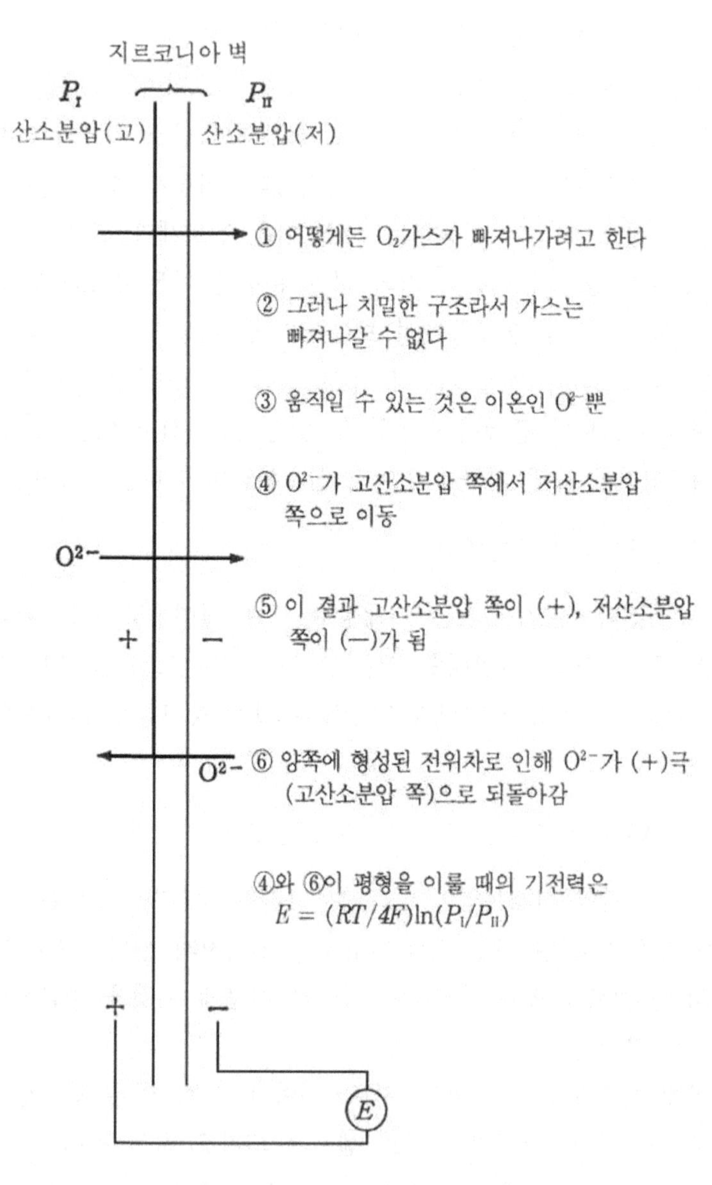

〈그림 3-25〉 농담전지의 구조

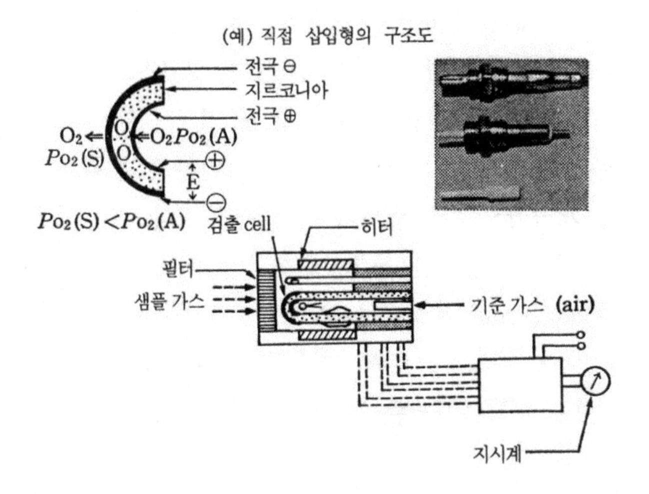

〈그림 3-26〉 지르코니아 산소 센서

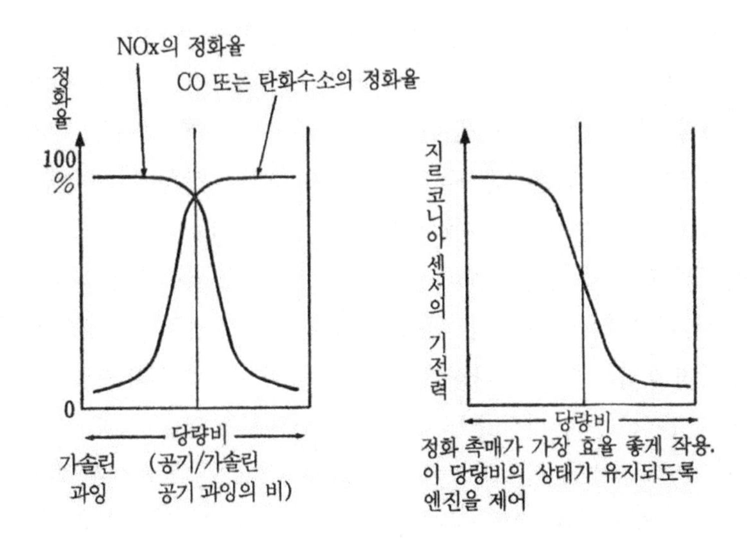

〈그림 3-27〉 자동차 배기가스의 정화조건을 제어

속을 볼 수가 없었지만 이제는 마치 그 속을 보고 있는 것처럼 산소분압을 알 수 있게 되었다. 자동차 배기가스의 정화를 위한 최적조건도 이 센서로 결정해 줄 수 있다. 가스의 농담뿐만 아니라 수용액 중의 이온의 농담도 그 이온을 통하게 하는 세라믹스를 개발함으로써 측정이 가능하게 된다. 이 경우 2장의 미각 센서에서 언급했던 플루오린화란타넘(LaF_3), 아이오딘화은(AgI), 황화납(PbS), 황화은(Ag_2S) 등이 격벽 재료가 될 수 있으며 기전력을 측정함으로써 플루오린화란타넘에서는 플루오린 이온의 농도, 황화은에서는 은 이온의 농도 등을 알 수 있다.

ii) 전기량에 의한 농도 압력의 측정

통상 수중 이온의 농도를 알기 위해서는 그 이온을 모두 침전시키는 데 필요한 침전제의 양을 측정한다. 이것이 '적정(滴定)'이라고 하는 분석법이다. 이러한 방법을 가스, 특히 산소에 적용한 것이 산소결핍 센서이다. 〈그림 3-28〉에 보이는 것처럼 지르코니아로 작은 캡슐을 만들고 이 캡슐 안쪽에 (-)전압을, 외기(外氣) 쪽에 (+)전압을 인가하여 캡슐 내의 산소 가스를 끌어내려고 하면 캡슐 내의 산소 가스 농도가 낮아짐에 따라 점차 인가전압을 높여 갈 필요가 있다. 캡슐 내의 산소가 거의 없어지게 될 때는 인가전압이 매우 높은 상태가 되는데, 이때까지 흘려 준 전기량을 적산(積算)하면 본래 캡슐 내에 존재하고 있었던 산소 가스의 농도를 알 수 있게 된다. 물론 캡슐의 체적은 정확히 측정해 두어야만 한다. 산소 가스의 농도를 측정하기 위해서는 측정 전에 우선 외기와 캡슐 내의 산소 농도가 같아지도록 마이크로 모세관을 통해 가스가 교환될 수 있게

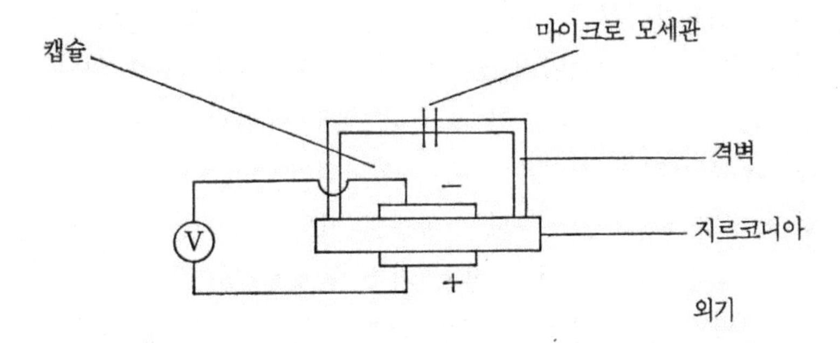

외기 쪽에서 (+), 캡슐 안쪽에 (−)전압을 가한다. 캡슐 내의 산소 가스가 산소 이온이 되어 지르코니아를 통과한다. 캡슐 내의 산소 농도가 적어짐에 따라 점차 높은 전압을 가할 필요가 있다. 캡슐 내의 산소 농도가 희박해질 때(t_0)는 매우 높은 접안(V_c)이 필요하다.

V_c가 되기까지 흘렀던 전하량은 캡슐 내에 원래 존재하고 있던 산소 가스의 농도에 비례한다

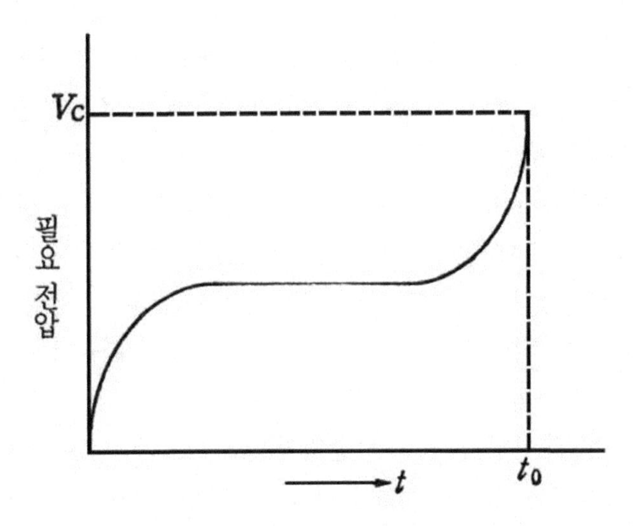

〈그림 3-28〉 산소결핍 센서의 원리

해 둘 필요가 있다. 그러나 캡슐 내부로부터 산소 가스를 끌어내기 위해 지르코니아의 양 전극에 전류를 흘려 주고 있는 도중에는 외기로부터 가스가 조금씩이라도 유입되어서는 안 되기 때문에 모세관의 직경은 정확히 제어되어야만 한다. 측정 직전 캡슐 내의 산소 가스 농도는 바로 외기의 산소 가스 농도와 같다. 이렇게 해서 외기의 산소 가스 농도를 알 수 있게 된다. 산소결핍 센서가 실용화된다면 맨홀이나 지하실, 또는 탱커 등에서 종종 발생하는 산소 결핍으로 인한 인명사고도 방지될 수 있을 것이다.

3. 유전성—전압을 인가한 순간에만 전류가 흐른다

세라믹스 중에는 전기가 거의 통하지 않는 물질이 많다. 이것을 절연체라고 부르지만 절연체라고 해도 전기가 전혀 흐르지 않는 것은 아니다. 실제는 전류가 흐르도록 전압을 가하는 극히 일순간에만 전류가 흐르고 그 후에는 전류가 흐르지 않게 된다. 여기서 극히 일순간에만 전류가 흐른다는 것은 물질 중의 하전 입자, 예를 들어 양이온, 음이온, 전자 등이 전압을 가하는 순간 통상의 위치로부터 약간 벗어나서 다시 정지하기까지의 상황을 의미하는 것이다. 그리고 전압을 제거하는 순간에는 하전 입자들이 다시 본래의 위치로 돌아가면서 전압 인가때와는 반대 방향의 전류가 순간적으로 흐르게 되는데 물질의 이러한 성질을 유전성(誘電性)이라 한다(이에 비해 도전성이라는 것은 전압을 가하고 있는 동안 전하를 갖는 입자가 물질 속을 계속 이동하는 것을 말함).

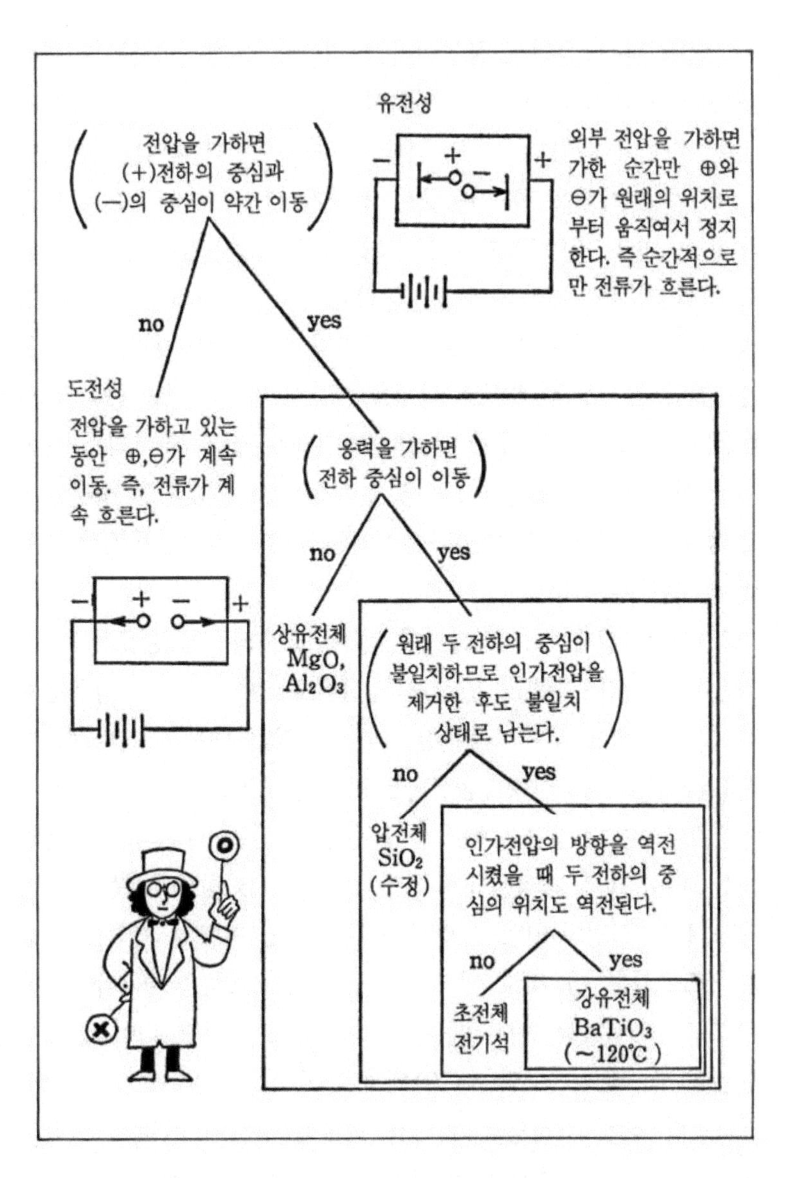

〈그림 3-29〉 유전성의 분류

그런데 같은 유전성 물질이라 하더라도 본래 (+)전하의 중심(重心)과 (-)전하의 중심이 일치하고 있는 것(대칭성)과 그렇지 않은 것(비대칭성)으로 구별된다. 유전체로부터 전압을 제거해도, 전압을 가했을 때 이동했던 전하가 그 위치에 그대로 머물러 있는 것과 전압을 가하기 전의 위치로 돌아가는 것이 있다. 또 힘을 가하면 전하의 중심이 (+)와 (-)로 분리되는 타입과 힘을 가해도 두 전하의 중심이 분리되지 않는 타입이 있다. 또한 인가전압의 극성을 반대로 하였을 때, 분리되어 있던 (+)전하의 중심과 (-)전하의 중심의 위치가 역전되는 것과 역전되지 못하는 것이 있다. 이들은 〈그림 3-29〉에서 보는 것처럼 상유전체(常誘電體), 압전체(壓電體), 초전체(焦電體), 강유전체(强誘電體)로 분류될 수 있다.

그렇지만 실제 '소(小)'가 '대(大)'에 포용되듯이 강유전체에는 초전체의 성질도 있고, 압전체의 성질도 있으며 또한 상유전체의 성질도 있게 된다. 강유전체의 대표적인 예는 타이타늄산바륨($BaTiO_3$)이다. 타이타늄산바륨의 결정구조를 〈그림 3-30〉에 나타냈다. 이 결정구조에서 가장 근접해 있는 타이타늄 이온과 산소 이온 간의 거리는 3종류가 있다. a, b 방향에서는 그 거리가 항상 일정하지만, c 방향으로는 a, b 방향의 거리보다 짧은 것도 있고 긴 것도 있다. 즉, c 방향으로는 타이타늄 이온(Ti^{4+})과 타이타늄 이온의 가운데에 산소 이온(O^{2-})이 존재할 수는 없다. 만약 〈그림 3-30〉에서 1~9 간의 거리를 9~5 간의 거리보다 작게 취하면 마이너스 전하의 중심이 플러스 전하의 중심보다 그림 중에서 약간 위쪽($\vec{\ell}$만큼)에 오게 된다. 마이너스 전하의 중심으로부터 플러스 전하의 중심까지의 거리 $\vec{\ell}$과 전하

• a 방향, b 방향에서는 Ti^{4+}와 O^{2-} 간의 거리는 같고 일정하다.

• c 방향에서는 Ti^{4+} 사이에 O^{2-} 가 안정하게 되는 위치가 2곳 있으며 중심에서 약간 벗어나있다.

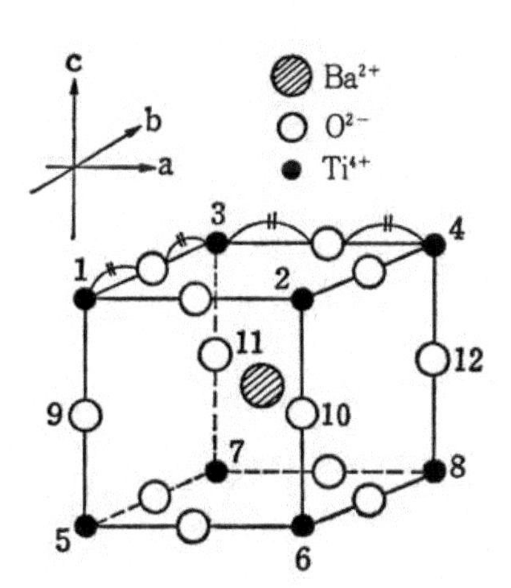

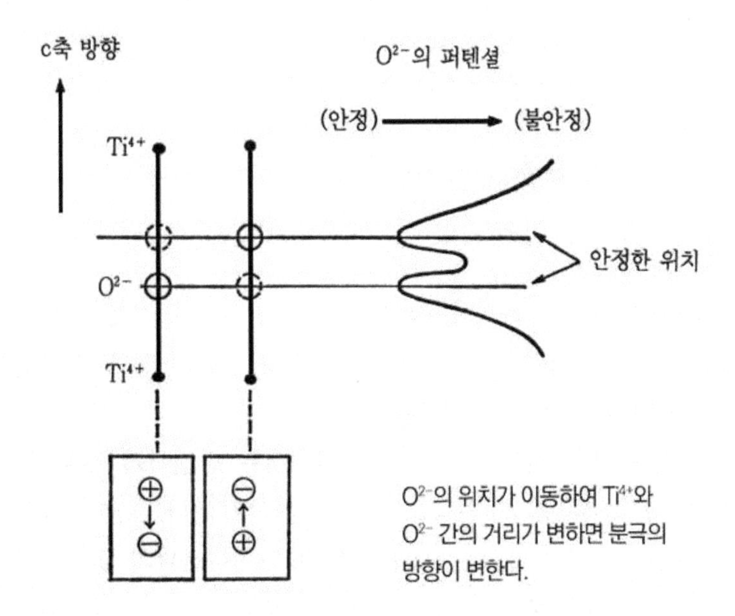

〈그림 3-30〉 타이타늄산바륨의 구조(120℃ 이하)

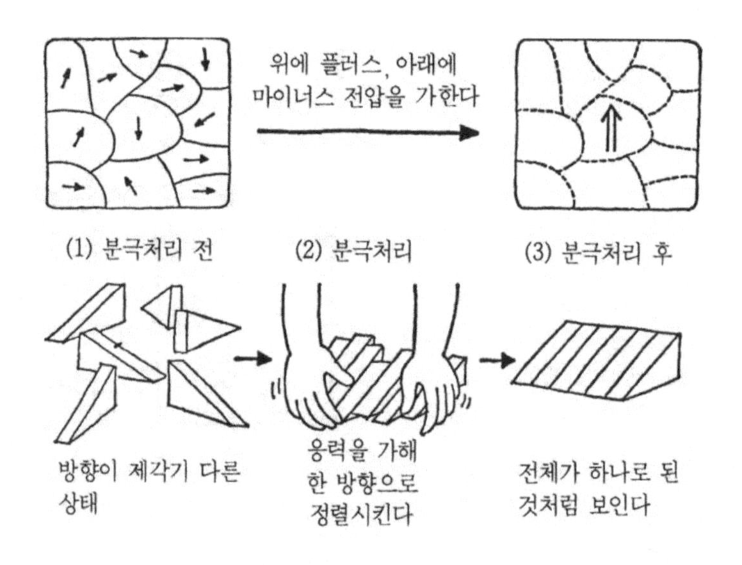

〈그림 3-31〉 강유전체의 분극처리

의 크기 Q와의 곱을 분극(分極) $\vec{P}$로 정의하고 있다.

$$\vec{P} = Q \times \vec{\ell}$$

만약 마이너스 전하의 중심이 플러스 전하의 중심보다 밑에 있는, 즉 1~9 간의 거리가 9~5 간의 거리보다 길게 된다면 분극의 방향이 반전한 것이 된다.

분극 방향의 반전은 강유전체에 있어서는 반전하기 쉬운 방향으로 강한 전기장을 가함으로써 가능하게 된다. 타이타늄산 바륨 분말의 소결체에서는 개개의 입자가 하나하나의 결정으로 되어 있다. 또한 이들 입자는 소분극 $\vec{p}$를 가지고 있게 된다. 여기서 소결체 전체에 대해 강한 직류전압을 인가하면 분극의 방향이 전계의 방향으로 정렬하게 되는데 이러한 과정을 분극

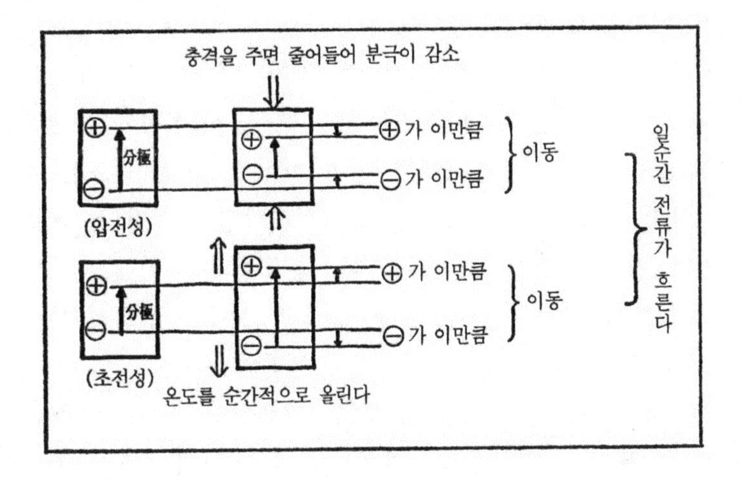

〈그림 3-32〉 압전성과 초전성

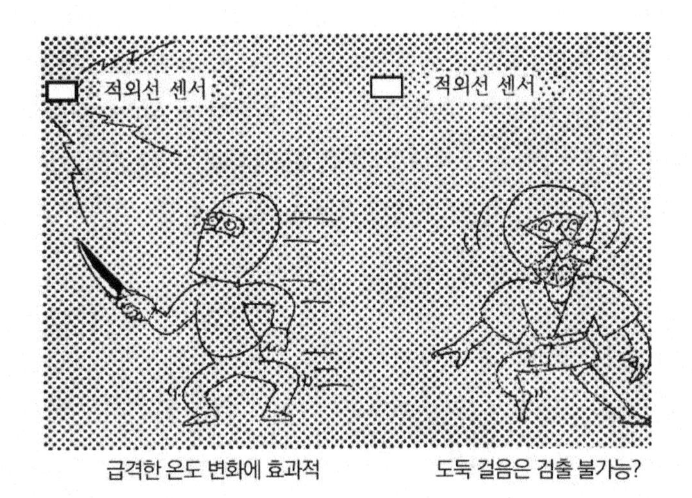

〈그림 3-33〉 현대의 금고털이는 열혈한(熱血漢)?

처리(Poling)라 한다. 이 모습을 〈그림 3-31〉에 나타냈다. 분극처리된 타이타늄산바륨 소결체는 마치 전압을 가한 방향으로 하나의 결정이 된 것처럼 거동한다. 타이타늄산바륨의 단결정(單結晶)을 만드는 것은 상당히 어렵지만 소결체를 만드는 것은 용이하다. 그리고 이 소결체를 분극처리하면 전기적 특성상 단결정과 같은 성질을 보이게 되며, 분극처리를 위해 인가하는 전압의 방향을 바꾸어 줌으로써 분극의 방향을 변화시키는 것도 가능하다. 이것이 바로 강유전성 세라믹스이다.

분극처리해서 큰 분극을 갖게 된 강유전성 세라믹스에서 소결체 중 플러스 전하의 중심과 마이너스 전하의 중심은 분리되어 있다. 이것에 순간적인 힘을 가해서 신축시키며 마이너스, 플러스 전하 모두가 약간 움직이게 된다. 즉, 순간적으로 전류가 흐르게 된다. 이 현상을 압전성이라 한다. 또 순간적으로 온도를 올리면 소결체가 팽창한다. 이때도 순간적으로 전류가 흐르게 되는데 이것이 초전성이다. 강유전성을 갖는 세라믹스의 분체를 소결시켜 분극처리한 것은 초전체로도 압전체로도 사용할 수 있다(그림 3-32). 강유전체는 이 모두를 겸비하고 있는 것이다.

i) 초전 효과

초전체는 온도 변화를 검출하고 있기 때문에 온도 센서처럼 생각되기 쉽지만, 실은 온도가 서서히 변할 때는 초전소자의 팽창도 서서히 이루어지므로 전기신호가 너무 작아 감지하기 어렵게 된다. 반대로 온도가 급격하게 변하면 온도 변화량이 작더라도 전기신호는 매우 강해진다. 작은 온도 변화가 급격히

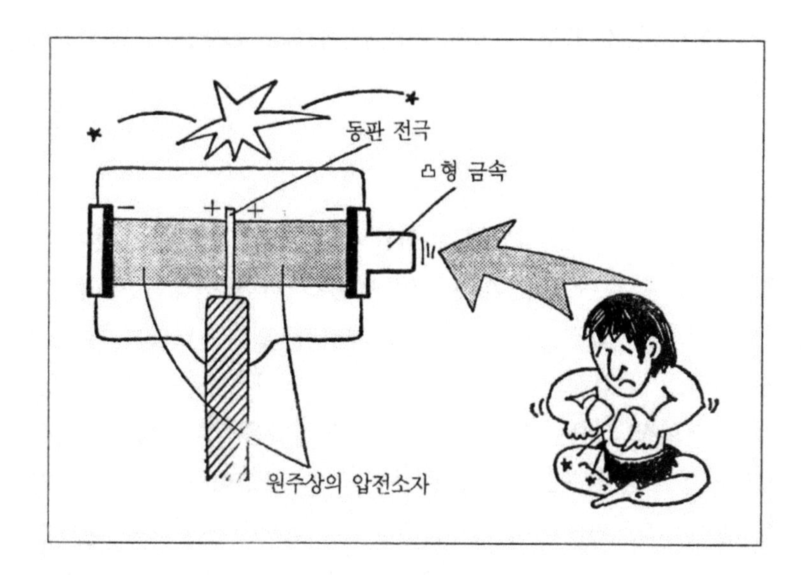

〈그림 3-34〉 압전착화소자의 구조

일어나는 것이란 도대체 어떠한 상황인가를 생각해 보면, 예를 들어 적외선이나 열선을 방사하고 있는 어느 대상이 갑자기 출현하는 상황이라고 할 수 있다. 금고털이가 금고 주변의 방어 장치를 눈치채지 못하고 여기에 접근하게 되면 이 초전 센서에 의해 포착된다. 그러나 살금살금 천천히 침입에 들어가면 온도 변화의 속도가 너무 작아서 초전 센서가 이를 감지할 수 없게 된다. 따라서 이렇게 도둑 걸음으로 매우 서서히 잠입해 오는 것도 포착할 수 있는 센서의 개발이 시급해졌다. 초전체로는 타이타늄산납($PbTiO_3$), 나이오븀산리튬($LiNbO_3$), 탄탈럼산리튬($LiTaO_3$) 등이 있다.

방범 이외의 초전 센서의 응용으로는 화재의 조기 발견, 바다에서나 눈이 왔을 때 등의 조난 발견 및 구조, 의료용으로는 환부 탐색(신체 표면 온도의 분포를 빠르게 조사할 수 있다) 등이 있다.

ii) 압전 효과

순간적인 충격을 감지해서 전압의 펄스를 발생하는 것이 압전성이다. 그러나 천천히 응력(應力)을 가하면 전압이 발생되지 않기 때문에 압전성이란 말은 오해되기 쉽다. 정확히 말하면 충격-펄스 전압성이라고도 해야 할 것이다. 가스레인지 등의 자동 점화장치에는 타이타늄산 지르콘산납을 주성분으로 하는 세라믹스가 사용되고 있다. 충격을 주면 불꽃이 발생하는 소자를 압전착화소자(Piezo Igniter)라 부른다. 이것이 바로 현대판 화탁석(火打石)이라 할 수 있는 인공석인 것이다. 이 구조를 〈그림 3-34〉에 나타냈다. 돌출한 금속 부위에 충격을 주면 압전체의 양단에는 수만 볼트의 전압이 발생한다. 이 정도의 높은 전압이 발생하면 벼락이 떨어질 때와 마찬가지로 불꽃이 튀며, 이 불꽃이 가스에 불을 붙이는 것이다.

가스의 점화는 전지를 사용하여 필라멘트를 적열(赤熱)하는 방법으로도 가능하지만 그런 경우 전지가 소모되어 동작이 안 되는 경우에 대해서도 미리 대비해 두어야만 한다. 압전체를 사용하면 전지가 필요치 않게 된다. 현재 많이 사용되고 있는 압전착화소자의 경우 10만 회 정도는 사용할 수 있는 것으로 평가되고 있다. 매일 10회씩 사용한다면 1만 일, 연수로는 27년 정도 사용할 수 있다는 말이 된다.

레코드판의 재생 시 홈의 요철 상태는 침을 사용하여 전기적 신호로 바꿀 수 있다. 즉, 요철 부위로부터 침에 가해지는 압력

〈그림 3-35〉 열차의 종류를 판별하는 센서

을 압전체를 이용함으로써 전기적인 신호로 변환하는 것이 가능하다. 그리고 이 전기적 신호(전압)의 변화는 다시 압전진동판에 가해져서 진동판의 진동에 의해 소리로의 재생이 실현되는 것이다. 맥박수를 측정하는 데에도 동일한 장치가 이용되고 있다.

지층의 변동이나 지각의 균열이 발생하는 최초의 순간을 압전체를 이용하여 포착하는 것이 가능하다. 즉, 지하에 압전체를 매몰시켜 둠으로써 지진의 예지에 이용할 수도 있는 것이다. 또 기계나 장치 등에 압전체를 설치해 두면 균열 및 파손 순간 발생되는 최초의 신호를 포착함으로써 기계나 장비 등을 효과적으로 관리할 수 있다. 창유리에 압전체를 붙여 둠으로써 유리가 깨지거나 손상이 갈 때 전기적 신호가 발생되도록 할 수도 있으며, 이는 방범에 이용될 수도 있다.

압전체는 소리를 낸다. 인간이 들을 수 없는 초음파도 낼 수 있다. 압전체에 교류전압을 인가하면 전압의 주파수에 따라 신축한다. 전압의 주파수가 50Hz라면 압전진동체가 내는 소리도 50Hz가 된다. 우리가 원하는 소리를 발생시킬 수가 있는 것이다. 압전체는 또한 소리를 수신할 수도 있다. 소리가 수신되면 압전체는 수신음의 진동수에 따라 신축하여 같은 주파수의 교류전압을 발생시킨다. 즉, 수신음과 같은 주파수의 전기적 신호로 바뀌면서 결과적으로 소리를 들을 수 있게 되는 것이다. 압전체는 동물로 말하면 입과 귀의 2가지 역할을 하는 셈이다. 이 2가지 역할을 이용해서 여러 가지 센서가 만들어지고 있다.

우선 거리 센서가 있다. 2장의 '귀와 청각'에서도 언급했던 것처럼 메아리(反響)의 원리로 해저의 깊이를 측정할 수 있다. 다음으로 음성 식별에도 사용될 수 있다. 일정한 진동수의 초음파를 발신하면서 달리는 열차를 선로에 부설해 놓은 압전체가 식별해 낼 수 있다. 열차마다 발신 초음파의 주파수를 달리하면 열차를 보지 않고도 열차 번호를 사전에 식별할 수 있게 된다. 이러한 판단 능력은 제어기에 접목됨으로써 열차의 자동 포인트 절환 시스템에 이용되고 있다.

초음파를 발사해서 되돌아오는 초음파를 수신하는 경우 소리를 반사시키는 물체의 형태나 무게 등에 의해서 소리가 미묘하게 변화하게 되는데, 이 변화를 자세히 관찰함으로써 그 대상물의 모습을 알 수 있다. 태아의 움직임이나 담석 등과 같은 의료 진단에 이용되고 있는 것이 그 예이다. X선으로도 진단은 가능하지만 방사선 장해 등의 우려가 있다. 적어도 태아의 진

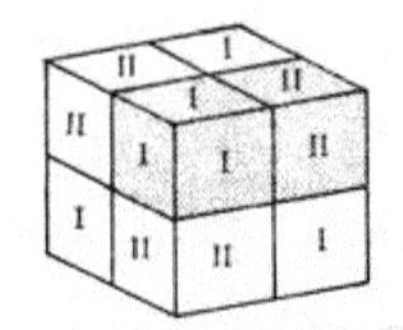

(a) 스피넬 구조의 단위격자

(b) 단위격자의 부분

I II

α γ β

● A위치 4배위
▲ B위치 6배위
○ 산소의 위치

(A 위치 1)
작은 격자 중의 양이온은
같은 거리에 있는 4개의
산소 이온에 둘러싸여 있다.

α

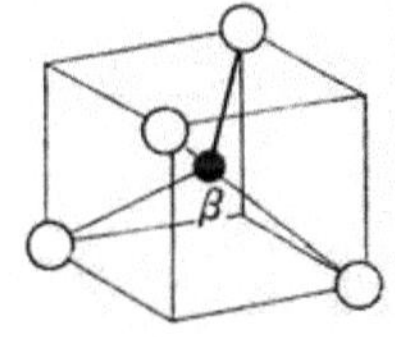

(A 위치 2)
4배위란 양이온이 4개의 산소로 둘러싸여 있는 것을 말한다.
이 이온도 (b) 그림에 표시되어 있지 않은 부분의 산소 3개를 포함, 4개로 둘러싸여 있다.

〔단위격자 중 A 위치의 수〕

- A1은 I의 중심에 있으므로 계 4개
- A2는 아래 그림에서 면의 중심에 있는 것을 반분으로 볼 수 있다.
  6개 있으므로 $1/2 \times 6 = 3$개,
  귀퉁이에 있는 것은 $1/8$만 포함 되는 것이므로
  $1/8 \times 8 = 1$

합계 8개

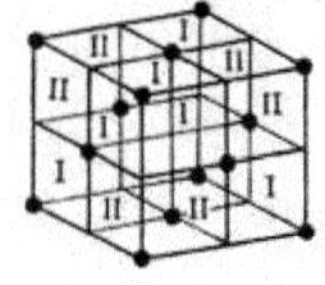

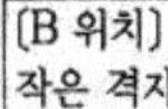

〔B 위치〕
작은 격자 한 개(▲)에 착안하면 옆과 위의 격자 중의 산소도 포함. 6개의 산소로 둘러싸여 있다(6배위).

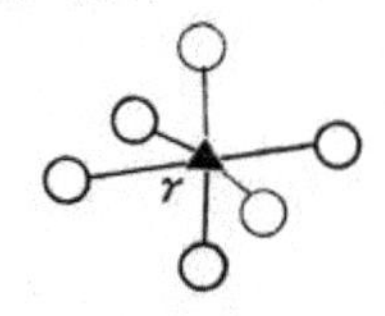

B는 II 속에 4개 있으므로
$4 \times 4 = 16$개

〈그림 3-36〉 스피넬 구조

단을 위해 X선을 사용할 수는 없는 것이다. 움직이고 있는 물체의 속도를 측정하는 데 도플러의 효과가 자주 이용되는데 이것은 접근해 오는 물체로부터 반사되는 소리는 진동수가 높아지고 멀어져 가는 물체로부터의 반사음은 진동수가 낮아지는 현상을 이용하는 것이다. 야구 경기에서 투수가 던지는 공의 속도는 바로 이 원리를 이용하여 측정하는 것이다. 또 속도가 측정되면 그 시간 변화율을 계산함으로써 가속도를 알 수도 있다. 압전체로는 타이타늄산 지르콘산납계 등의 세라믹스가 사용된다. 우리들은 이 세라믹스를 사용하여 진동, 거리, 속도 그리고 가속도를 알 수 있다. 이처럼 위치 센서나 진동 센서의 전반적인 것을 압전체가 담당하고 있는 것이다.

4. 자성—자석에 붙는 것, 붙지 않는 것

자석에 붙는 물질의 대표적인 것으로 금속철을 들 수 있지만 실은 이것도 770℃ 이상이 되면 자석에 이끌리는 힘을 잃게 된다. 루비, 사파이어 등은 어느 온도하에서도 거의 자석에 이끌리지 않는다. 물질을 자기적인 성질로 분류하면 자석에 붙는 것과 붙지 않는 것의 2종류로 나눌 수 있다. 자석에 붙는 물질 중에는 금속철 등 금속계 이외에 페라이트라고 불리는 철의 산화물을 주체로 하는 세라믹스 계통의 것이 있다. 그러나 철의 산화물이 모두 자석에 붙는 것은 아니며 자식에 붙기 위해서는 특별한 결정구조가 되지 않으면 안 된다. 가장 잘 알려져 있는 것이 스피넬(Spinel) 구조이다. 스피넬이란 원래 $MaAl_2O_4$의 광물 명칭이다. 페라이트에서는 Al^{3+} 대신에 Fe^{3+}가, Mg^{2+} 대

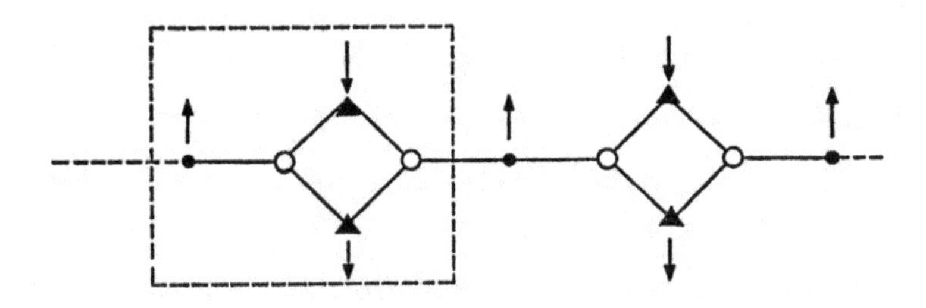

〈그림 3-37〉 스피넬 구조를 갖는 페라이트가 자성을 띠게 되는 원리

신에 Zn^{2+}, Cu^{2+}, Fe^{2+}, Co^{2+}, Ni^{2+}, Mn^{2+} 등이 들어 있다.

스피넬 구조를 〈그림 3-36〉에 나타냈다. 이 구조에서는 Fe^{3+}, Zn^{2+} 등의 양이온이 산소 이온 O^{2-}로 둘러싸이는 위치에 존재하고 있으며 이 위치에 따라 2가지 타입이 있다. 그중 하나는 양이온이 4개의 산소 이온으로 둘러싸이는 위치에 존재하며 이것을 4배위(配位) 위치라 부른다. 〈그림 3-36〉에서는 ●으로 표시된 것으로서 A위치라고도 부른다. 스피넬 결정구조의 최소단위(이것을 단위격자라 한다) 중에는 이것이 8개 존재한다. 또 하나는 6개의 산소 이온으로 둘러싸이는 위치에 존재하는 것으로서 6배위 위치 또는 B위치라 부르는 것이 있다. 〈그림 3-36〉에서는 ▲으로 표시되었으며, 스피넬 구조의 단위격자 중에 16개가 존재한다. Fe^{3+}, Fe^{2+}, Mn^{2+} 등은 천이금속 이온이라 불리는 것으로서 1개만이 독립되어 있으면 자석에 이끌리지만 2개가 존재하면 일반적으로 쌍(Pair)이 되어 자석에 이끌리지 않게 되어 버린다. 산화물의 경우 이러한 현상을 초교환(超交換) 상호작용이라 부르고 있다.

철산화물의 대부분이 자석에 붙지 않는 것은 결정 중에서 쌍이 되는 상대를 찾을 수 있기 때문이다. 반면 스피넬 구조에서는 4배위 위치와 6배위 위치가 쌍이 되기 쉽다. 즉, 소자석이 역방향으로 배열되기 쉽다. 그렇지만 이 구조에서는 4배위 위치의 수와 6배위 위치의 수가 균형을 이루고 있지 못하기 때문에 6배위 위치의 소자석 중에는 〈그림 3-37〉에서 보는 것처럼 쌍을 이루지 못하고 남게 되는 잉여분이 있게 된다. 이 잉여분이 자석에 붙는 원인이 된다. 이와 같이 역방향의 소자석이 쌍을 만들기는 하지만 일부의 소자석은 여전히 한쪽 방향으로 배열됨으로써 자석에 이끌리게 되는데 이러한 성질을 '페리 자성'이라고 한다.

스피넬 구조를 갖는 철의 산화물에는 자기테이프에 이용되고 있는 침상 γ-Fe_2O_3와 고주파 트랜스코어(滋心)로 이용되고 있는 (Zn, Mn)Fe_2O_4가 있다. 스피넬 구조가 약간 변화된 것에 '마그넷 프람바이트'형의 결정이 있다. 이것에는 $BaO \cdot 6Fe_2O_3$ 등이 있으며 자석으로서 사용되고 있다. 이것은 소결체로 하여 휴대용 장기알이나 바둑알에, 분체로서는 고무 속에 섞어서 냉장고의 문을 밀폐시키는 목적 등에 사용되고 있다. 페라이트에는 영구자석으로 사용되는 것과 트랜스코어처럼 일시적인 자석으로 사용되는 것이 있다. 자석으로 만드는 것은 어려운 일이지만 일단 영구자석이 되면 이 자성을 없애는 일도 용이한 것은 아니다.

자성을 띠게 하는 것도 간단하지만 이 자성을 없애는 것도

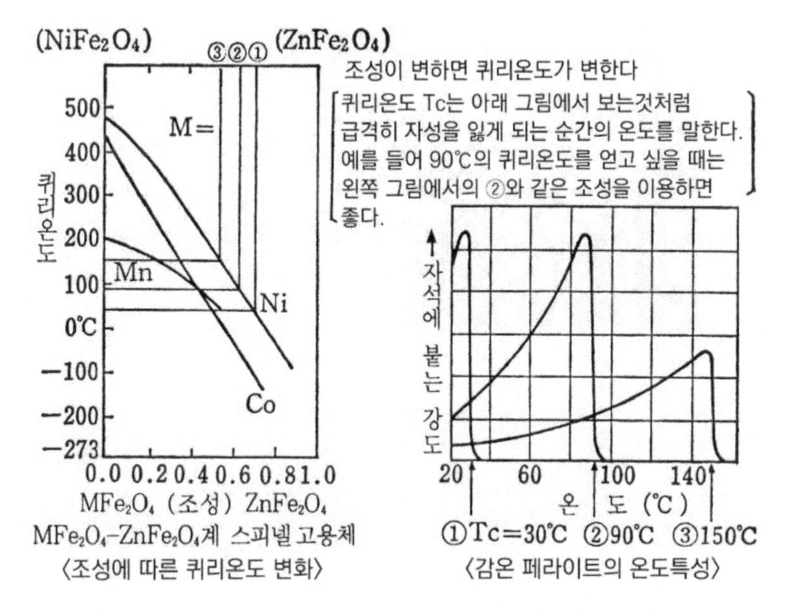

〈그림 3-38〉 스피넬계 페라이트의 퀴리온도와 그 성분과의 관계

용이한 것이 바로 자기연산(磁氣演算)소자이다. 이것은 일찍부터 컴퓨터에도 이용되었으며, 이제는 금속보다 저항이 커서 그만큼 전기적 손실이 작기 때문에 고주파 트랜스의 코어로서 사용되는 경우도 많다. 자성은 크게 두 가지로 분류될 수 있다. 영구자석처럼 주위 상황에 따라서 잘 변화하지 않는 특성을 경자성(硬磁性)이라 하며, 이에 반해 자화(磁化) 또는 소자(消磁)가 용이한 것은 좋게 말하면 임기응변성이 큰 것으로서 이를 연자성(軟磁性)이라 한다. 여기서의 경, 연은 머리(두뇌)와 지조의 특성을 말하는 것이며 결코 경자성체가 연자성체보다 단단하다는 의미가 아니다. 자기테이프에 사용되고 있는 침상 γ-Fe_2O_3는 연자성 중에서는 경자성에 가깝다.

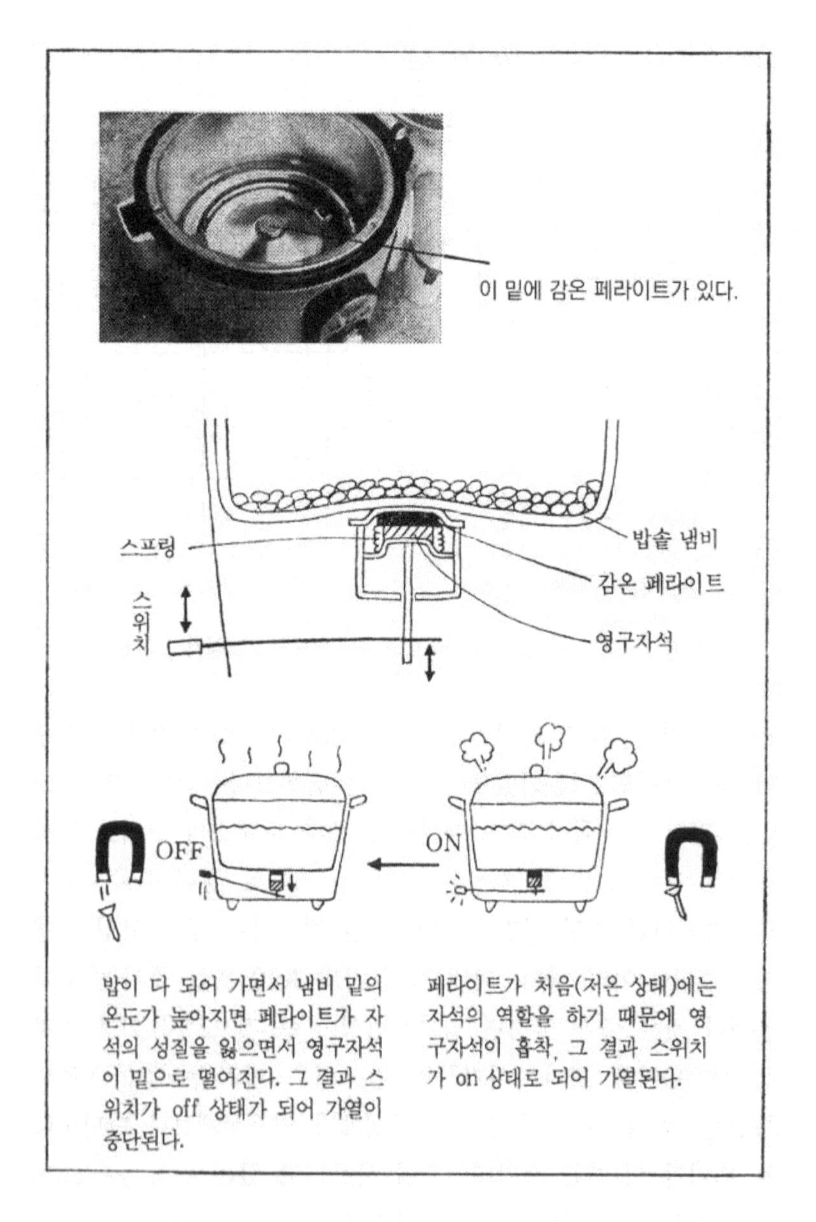

〈그림 3-39〉 전기밥솥의 스위치가 절환되는 원리

페라이트에서의 소자석의 방향은 저온에서는 쌍으로 되어 있는 것과, 페리자성과 같이 소자석의 일부가 쌍으로 되지 못하고 남아 있는 것이 있지만 자석의 방향은 일정한 상태를 유지한다. 그러나 온도가 올라가게 되면 소자석의 방향이 요동하기 시작한다. 온도가 더욱 올라가면 소자석의 방향이 제멋대로(Random하게) 되면서 전체로서의 자석의 성질을 잃게 되는데 이 온도를 퀴리온도라 한다. 페라이트도 이 온도 이상이 되면 자석에 붙지 못하게 된다. 철이 770℃가 되면 자석에 붙지 않게 되는 것도 같은 이치다. 퀴리온도의 예를 〈그림 3-38〉에 나타냈다. 이 원리를 이용하여 자석을 사용한 온도 스위치가 만들어지고 있다. 이 경우 자석의 성분을 변화시킴으로써 스위칭 온도를 변화시키는 것이 가능할 것이다.

4장
세라믹 재료의 광학적 성질과 센서

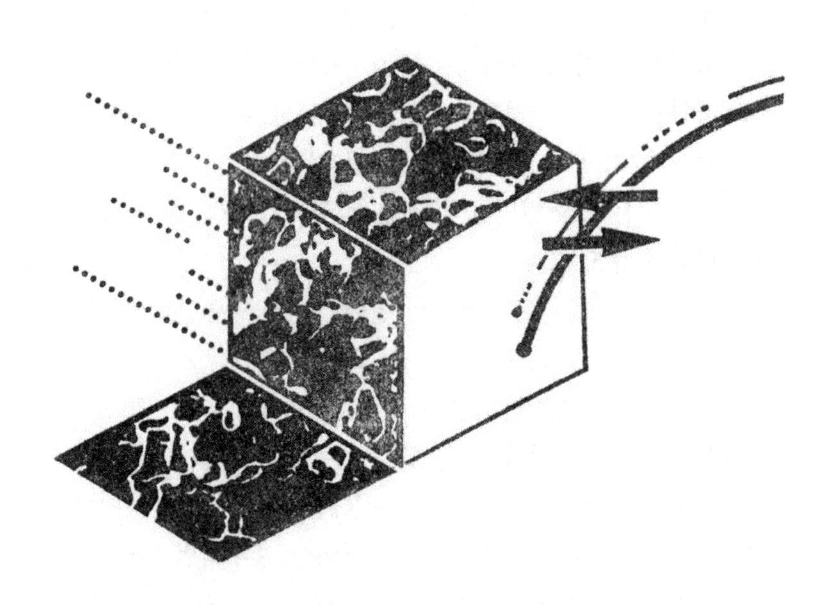

세라믹스가 갖는 광학적 성질도 센서 재료로서 많은 주목을 받고 있다. 새로운 기능이나 보다 우수한 기능을 갖는 재료가 속속 개발되고 있다. 이 장에서는 세라믹 광센서의 기본적 성격과 그 동작 기구에 대해서 생각해 보기로 한다.

광학적 성질—센서로의 응용

물질과 빛의 상호관계에는 여러 가지 경우가 있다. 우선 빛은 물질 속에서 굴절한다. 프리즘을 통해 빛이 굴절하면 파장에 따른 굴절률의 차에 의해 7가지 색의 무지개빛이 만들어진다(이것을 분산이라고 한다). 안경 렌즈에서는 빛의 굴절 현상을 이용하여 원시나 근시의 교정이 가능하게 된다. 카메라 렌즈도 마찬가지다. 이 경우는 분산이 가능한 한 작게 되도록 면밀한 설계가 필요하다. 이 설계는 전에는 렌즈의 숙련기술자만이 할 수 있는 것이었지만 이제는 컴퓨터가 계산에 의해 정확하게 대신해 주고 있다.

빛이 통한다 또는 흡수된다는 말이 있다. 광통신용의 실리카(SiO_2)파이버는 빛이 흡수되지 않도록 필사의 노력을 기울인 결과 얻어진 재료이다. 빛이 통한다는 사실은 바로 빛이 흡수되지 않는다는 의미이며 이를 위해서는 빛의 흡수 요인을 철저히 제거하지 않으면 안 된다. 물질에는 색이 있다. 가시광선(3,800Å~7,700Å) 중 일부의 파장영역이 흡수되면, 나머지 흡수되지 않은 파장영역의 빛은 색으로서 눈에 보이게 된다. 투과도 흡수도 되지 않는 빛은 반사된다(이를 광택이라 함). 반사는 가시광선에 국한되는 것은 아니다. 적외선은 반사하지만 가시광선은 투과하는 재료에 산화주석(SnO_2)막이 있다. 만약 적

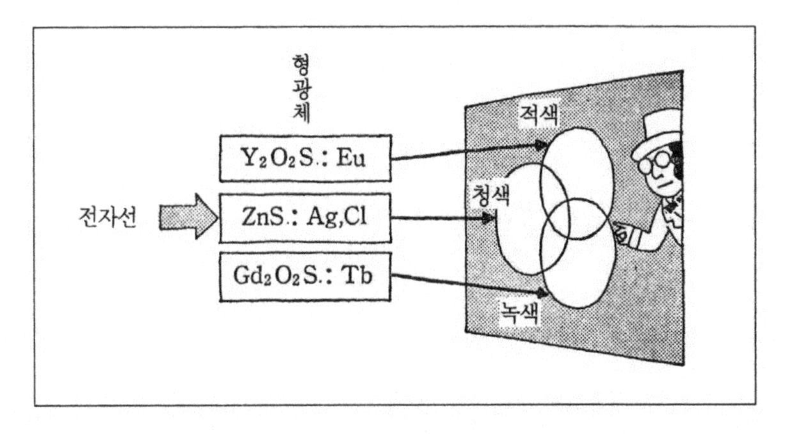

〈그림 4-1〉 컬러TV에 사용되는 세라믹 형광체

외선을 볼 수 있는 눈으로 이 막을 본다면 눈이 부실 것이다.

빛과 물질 간에는 형광이라는 것이 있다. 전자선, 자외선, 가시광선, 드물게는 적외선 등을 흡수한 다음 잠시 후 별도의 빛으로서 방사하는 성질을 말한다. 컬러TV에서는 전자선을 조사(照射)함으로써 색이 나오는 형광체를 사용하고 있다.

빛이 닿으면 색이 변하는 현상을 포토 크로미즘(Photo-chromism)이라 한다. 빛이 닿으면 검게 되지만 빛을 쪼이지 않고 잠시 방치해 두면 다시 색이 없어지는 고급 선글라스가 바로 그 예이다. 빛이 닿으면 전기가 통하기 쉬워지는 '광전도 효과', 빛이 닿으면 전압이 발생하여 전력이 얻어지는 '광기전력 효과'도 있다. 아몰퍼스(Amorphous) 실리콘은 태양전지의 혁명아라고 이야기되고 있지만 이 소재가 각광을 받는 이유는 빛을 받아 전력으로 변환하는 데 있어서 어느 소재보다도 효율이 높고 또한 대량 생산성이 좋기 때문이다.

이외에도 '전기광학 효과', '음향광학 효과', '비선형광학 효

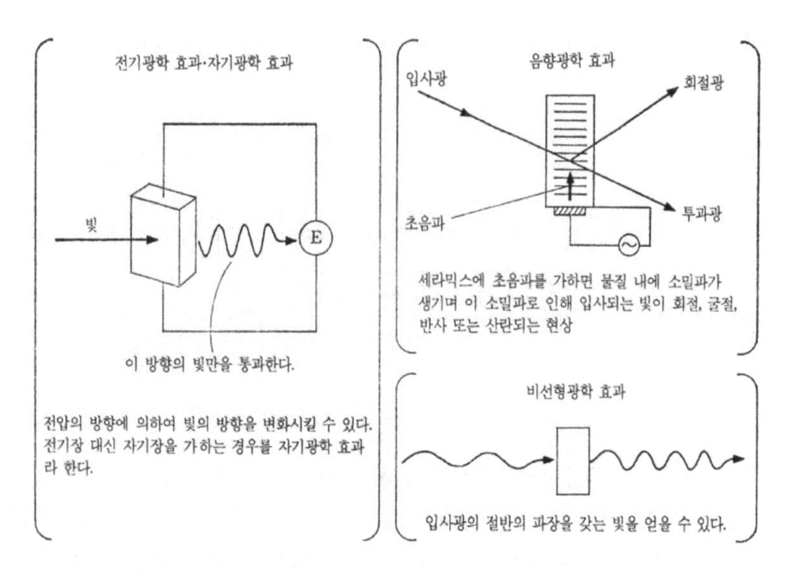

〈그림 4-2〉 각종 광학효과

과'가 센서에 이용될 수 있는 광학적 성질이다. 이와 같이 생각해 보면 'OO 효과'라는 것은 모두 센서에 이용될 수 있는 소질이 있다고 생각할 수 있다. 센싱(感知)되는 것도 빛, 전기장, 자기장, 초음파 등 폭이 넓다. 또한 센싱되어 나오는 출력도 빛(굴절, 복굴절), 전류, 전압 등으로 종류가 다양하다. 센서의 압력, 출력, 전달에 중요한 것은 빛을 투과하는 성질과 정보의 기록이라고 할 수 있다. 여기에는 포토 크로미즘을 비롯하여 여러 형식이 있다. 광과 세라믹스 상호 간의 관계를 〈표 4-1〉에 정리해 보았다.

다음으로 세라믹 센서에 있어서 특히 중요한 4가지 광학적 효과에 대해 자세히 알아보기로 한다.

〈표 4-1〉 빛(光)과 세라믹스의 관계

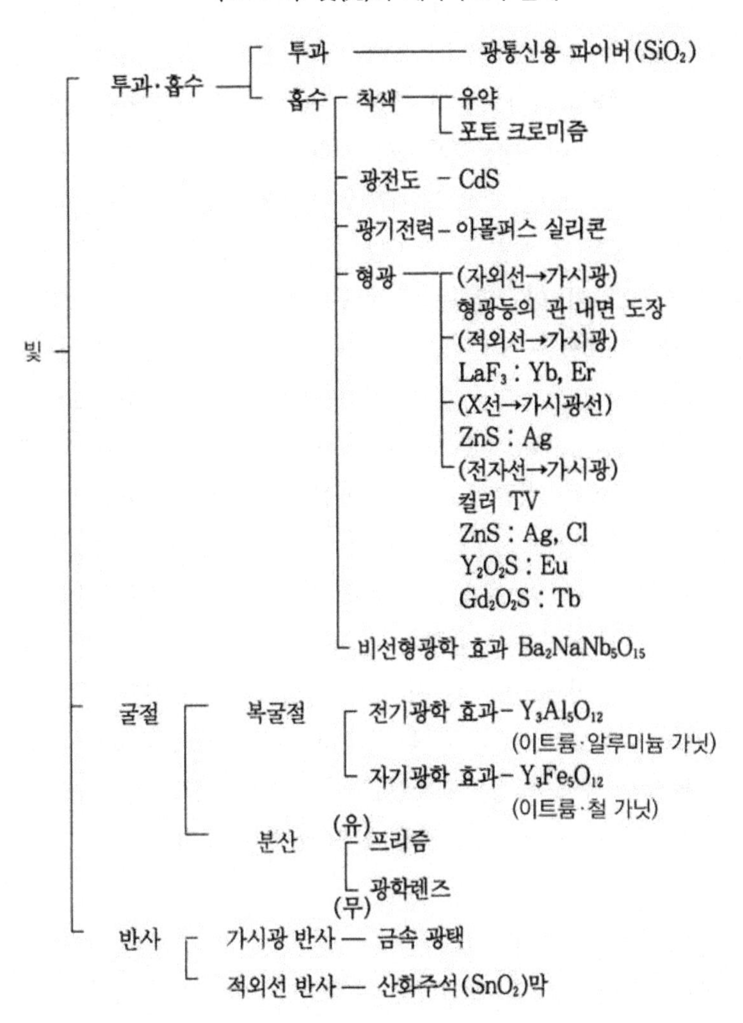

i) 광전도 효과

반도체에 빛이 닿으면 전기가 흐르기 쉽게 되는 효과를 말한다. 전류의 변화를 봄으로써 빛이 닿는 양을 알 수 있기 때문에 광센서로서 이용되고 있다. 이에 대한 물질로서는 황화카드뮴(CdS)이나 셀레늄화카드뮴의 분말을 적당한 비율로 혼합하여 소결체로 만든 것이 광전도체로서 사용되고 있다. 황화카드뮴은 인간의 눈으로 보면 청색에 가까운 파장의 빛을 잘 감지하며, 셀렌화카드뮴은 적색을 잘 감지할 수 있다. 그리고 이들을 적당히 혼합함으로써 인간의 눈의 감도에 잘 맞게 하는 것도 가능하다. 황화카드뮴은 빛이 닿지 않을 때에는 거의 절연체이지만 빛이 닿으면 가전자대에 있던 전자가 전도대로 여기(Exciting)됨으로써 도전성으로 바뀌게 된다. 즉, 전도대에는 전자가 생기고, 가전자대에는 정공이 생기기 때문에 여기에 전압을 가하면 전자는 (+)극 쪽으로, 정공은 (-)극 쪽으로 이동하게 되어 전류로서 관측된다. 빛이 계속해서 닿고 있는 한 전도대로의 여기는 계속된다. 이 원리를 이용하는 센서는 사진을 찍을 때의 노출계, 카메라의 자동노출 및 셔터, 화재경보기, 자기테이프의 테이프엔드 검출, 레코드의 자동복귀(Auto-Return), 가로등의 자동 점멸장치 등에 사용되고 있다. 쉽게 눈에 띄지는 않지만 우리 주변 곳곳에 숨어 있는 것을 알면 놀랄 정도다.

ii) 광기전력 효과

빛이 닿으면 전압이 발생하는 효과이다. 전압을 측정함으로써 빛을 검출할 수 있기 때문에 광전도 효과와 같이 광센서에 이용되고 있다. 또 연기(황) 감지기나 카메라의 자동노출, 노출계,

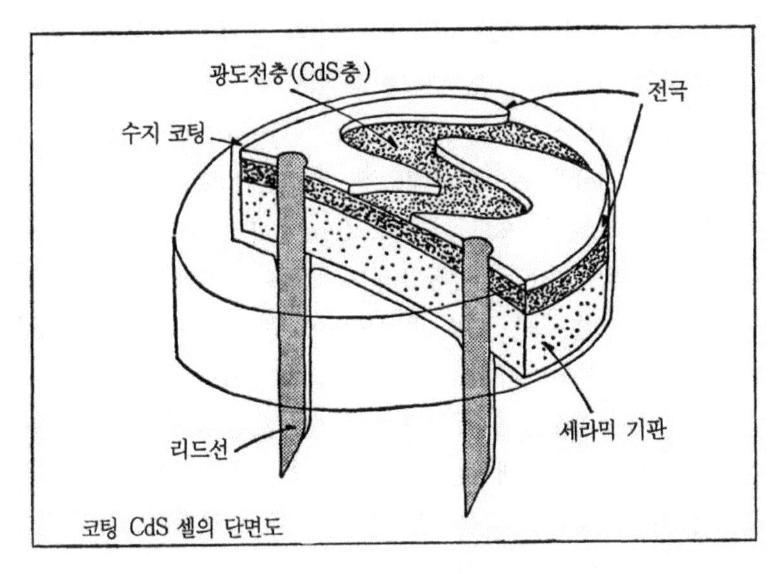

〈그림 4-3〉 광도전셀의 구조

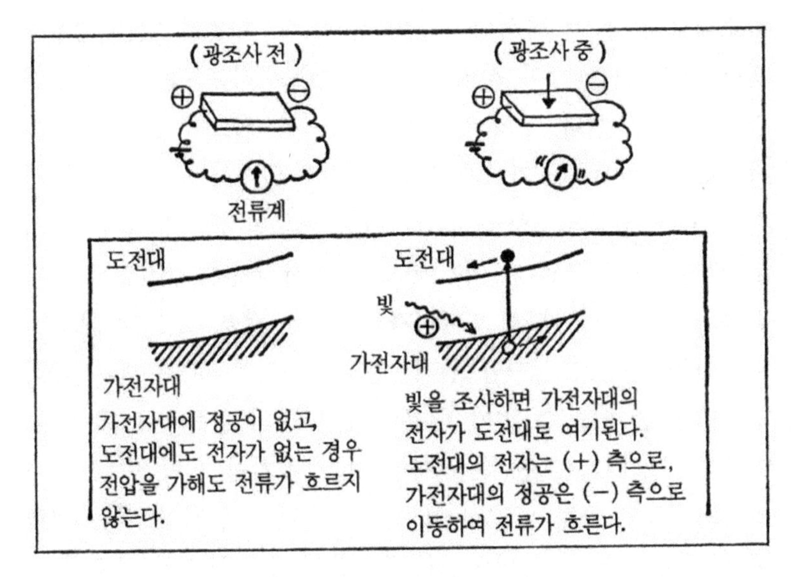

〈그림 4-4〉 광전도 효과

컬러TV의 색조정 등에도 이용되고 있다. 광기전력 효과는 일반적으로 p형 반도체와 n형 반도체를 접합시킨 것에 빛을 조사시킴으로써 나타나게 된다. 2개의 반도체가 접합되어 있는 것을 다이오드(Diode)라 부르기 때문에 광기전력 효과를 광센서에 이용하는 경우 이를 포토 다이오드(Photo-Diode)라 한다. 반도체로서는 비화갈륨(GaAs, 통칭 갈륨비소)이나 아몰퍼스 실리콘을 이용하고 있다. 왜 포토 다이오드에 광을 쪼여 주면 기전력이 생겨 전력이 얻어지는 것인가를 〈그림 4-5〉에 나타냈다.

앞장에서도 기술했던 것처럼 n형 반도체는 전도대에 전자는 많이 있지만, 가전자대에는 정공이 거의 없다. 반면에 p형 반도체는 가전자대에 정공은 많지만, 전도대에 전자가 거의 존재하지 않는다. 여기서 다시 전동차의 예를 들어 페르미 준위를 설명해 보면 전동차 내의 좌석의 수와 앉아 있는 승객의 수를 비교해서 말할 때 좌석의 1/2이 승객으로 채워져 있는 경우를 생각할 수 있는데 이 상태를 에너지밴드론적으로는 페르미 준위에 있다고 한다. p형 반도체에 있어서 페르미 준위는 일반적으로 가전자대에 가깝게 있고 n형에 있어서는 전도대에 가까이 있다. p형과 n형을 접합시키면 페르미 준위가 같은 높이로 되면서 안정화된다. 여기에 빛을 조사시키면 광전도 효과와 같이 p형, n형 반도체 모두 가전자에는 정공, 전도대에는 전자가 생성된다. 그렇지만 원래, 전자는 p형의 전도대에는 극히 약간밖에 존재할 수 없기 때문에 곧 n형의 전도대로 흘러 들어간다. 그리고 〈그림 4-5〉에서 보는 것처럼 언덕 아래로 내려오게 된다. 마치 댐(Dam)의 물이 떨어져 발전이 되듯 전력이 얻어지는 것이다. 반면 정공은 앞 장에서 물속의 기포에 비

(1) p형, n형 반도체의 에너지밴드 구조

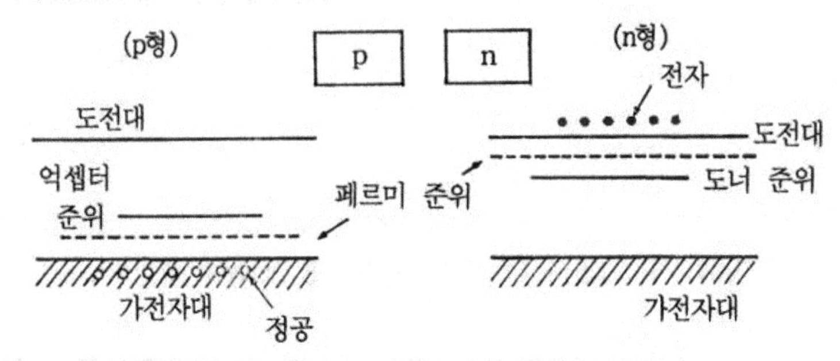

(2) p-n을 접합시키면 페르미 준위가 같은 높이가 되면서 안정된다.

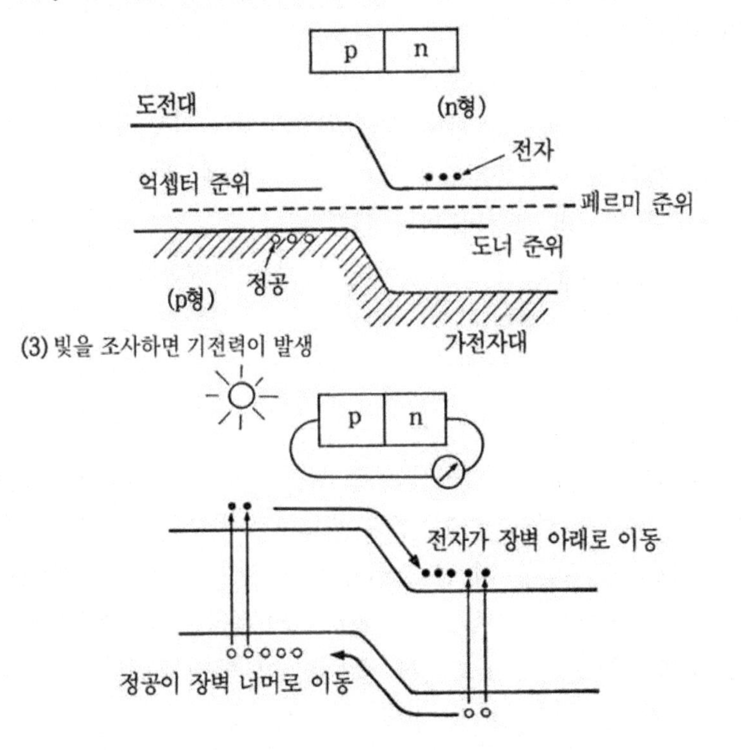

〈그림 4-5〉 포토 다이오드의 동작 원리

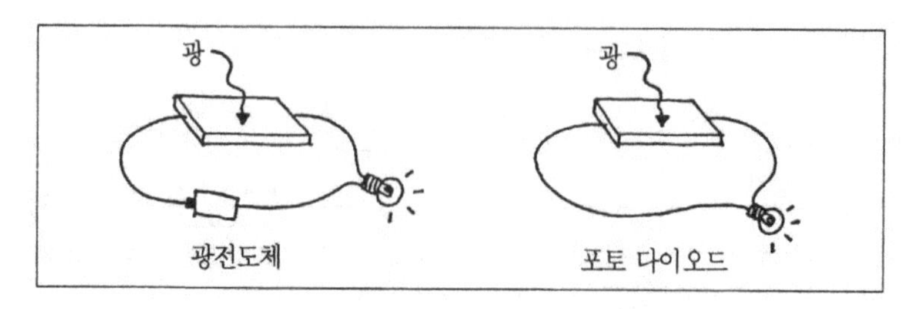

〈그림 4-6〉 광전도 효과와 광기전력 효과

유된 바 있지만 기포가 떠오르듯이 p형의 가전자대로 떠올라 밀려들게 된다.

광전도 효과는 외부로부터 전압을 걸어 주지 않으면 전류가 흐를 수 없는 것임에 반해 광기전력 효과는 빛만 조사시키면 전압, 전류 모두 자동적으로 얻어진다. 노출계 등으로 사용하는 경우에도 전지의 보충이 필요 없게 된다. 즉, 보전장치가 필요 없는(Maintenance Free) 셈이다. 현재는 태양전지로서 전력용으로 이용되기도 한다.

ⅲ) 형광

전자가 높은 에너지 준위로부터 낮은 준위로 떨어질 때 빛이 나오는 경우가 있다. 마치 절벽 위로부터 돌이 굴러떨어져 절벽 아래에서 부딪칠 때 큰 소리가 나는 것처럼, 전자가 떨어지면 빛이 나온다. 전자를 절벽 위로 끌어올리는 방법에는 광전도 효과나 광전기력 효과에서 설명했듯이 빛을 쪼여 주는 것이 가장 보편적인 방법이다. 빛의 종류에는 X선, 자외선, 가시광선, 적외선 등이 있다.

이것과는 달리 전자선을 조사함으로써 물질 내의 전자의 에너지 준위를 높이는 것이 컬러TV용의 형광체이다. X선은 파장이 너무 짧아서 인간의 눈에는 보이지 않는다. 그러나 X선은 전자를 높은 에너지 준위로 끌어올리는 것이 가능하다. 이렇게 끌어올려진 전자가 일순간 높은 절벽(고준위)으로부터 바닥(저준위)으로 그대로 떨어져 버린다면 방출되는 빛이 눈에는 보이지 않지만(방출되는 빛의 파장이 가시광선보다 짧은 경우), 절벽의 도중에 돌출해 있는 턱(중간 준위)이 있어서 위에서 떨어진 전자가 여기를 거쳐 다시 떨어지는 경우라면 방출되는 빛이 눈에 보일 수도 있다. 절벽 위와 밑의 높이의 차, 즉 표고차(標高差)가 클수록 방출되는 빛의 파장은 짧아진다. 높은 절벽 위에 전자를 끌어올리고자 하는 경우 짧은 파장의 빛을 조사시킬 필요가 있으며, 또 전자가 떨어질 때 방출되어 나오는 빛이 눈에 보이게 하기 위해서는 낙하 지점까지의 적합한 표고차가 적정한 값으로 주어져야 한다. X선이나 자외선과 같이 짧은 파장의 빛을 조사시켜 가시광선이 방출되는 기구를 〈그림 4-7〉에 나타냈다.

물질 내에서 전자가 존재할 수 있는 표고(에너지 준위)는 연속적이 아닌 이산적인 것으로서 마치 빌딩에 있어서 각 층의 높이에 대응한다고도 할 수 있다. X선이나 자외선용의 형광체를 사용하면 가시광선 영역의 빛이 방출되기 때문에 눈으로 볼 수가 있다. 즉, 인간이 재료의 기능을 이용함으로써 눈으로 볼 수 없는 빛(X선이나 자외선)까지 간접적으로 볼 수 있게 된 것이다. X선에 감응하는 형광체로서의 미량의 은(Ag)을 함유하는 황화아연(ZnS)이 있으며 자외선에 감응하는 것으로는 미량의 안티몬, 망가니즈를 함유하는 수산화 인회석〔$Ca_{10}(Po_4)_6(OH)_2$〕

태양전지가 부착된 기와

이 있다. X선용 형광체는 의료 진단 등에서 X선 사진을 찍을 때 사용되며 자외선 형광체는 조명등의 관 내벽에 도포(塗布)되어 사용되고 있다. 후자는 이름 자체도 '형광등'으로 불린다. 이 경우 형광체가 아니라면 빛의 파장이 너무 짧아서 보이지 않게 된다. 일반적인 기존의 형광등에서는 청색에 가까운 빛을 내기 때문에 좀 서늘한 느낌을 주는 것은 어쩔 수가 없다. 그래서 따뜻한 느낌의 빛을 내는 형광등이 개발되었다.

적외선과 같이 긴 파장의 빛을 이보다 짧은 파장의 가시광선으로 변화시키는 것은 형광체에서는 무리라고 생각되었다. 그러나 깊은 우물로부터 물을 퍼 올릴 때 바닥에서 중간까지 일단 퍼 올린 다음, 다시 중간부터 끝까지 퍼 올리는 방법도 있다. 또 등산을 할 때 필요한 장비를 한 번에 목적지까지 운반하지 않고 제1, 제2, 제3 캠프를 설치하여 단계적으로 운반해 올리는 방법도 있다. 파장이 긴 빛을 조사하여 전자의 에너지를 1단계, 2단계로 나누어 높여 준 다음 높은 에너지의 상태로부터 단번에 에너지를 해방시켜 주면 짧은 파장의 빛이 나온다. 이렇게 해서 적외선을 가시광선으로 변환하는 것이 가능하다. 이런 종류의 형광체에는 플루오린화란타넘(LaF_3)에 미량의 이테르븀(Yb), 에르븀(Er)을 가한 것이 있다. 눈에 보이지 않는 적외선도 인간은 재료의 힘을 빌려서 간접적으로 볼 수 있게 되었다.

X선처럼 짧은 파장의 빛을 조사할 때 이보다 긴 파장의 빛이 형광으로 되어 나오는 현상을 스토크스(Stokes) 법칙이라 부르며, 역으로 적외선과 같이 긴 파장의 빛을 조사하여 그보다 짧은 파장의 형광이 나오는 현상을 반(反)스토크스 법칙이라 한다.

ⅳ) 전기광학 효과

전압을 걸어 주면 전압 인가 방향과 이와 직교하는 방향에 있어서 굴절률이 달라지는(복굴절) 현상을 전기광학 효과라 하며 이트륨·알루미늄가네트($3Y_2O_3 \cdot 5Al_2O_3$)와 $(Pb, La)(Zr, Ti)O_3$ (약칭 PLZT) 등에서 이 효과가 현저하게 나타난다. 특히 PLZT[납(Pb)의 P, 란타넘(La)의 L, 지르코니움(Zr)의 Z, 타이타늄(Ti)의 T를 묶어서 PLZT라고 쓴다]에서는 그 조성을 바꾸어 주면 전압을 제거해도 여전히 복굴절 현상을 보이는 것과 전압을 제거하면 복굴절 현상도 없어지는 것이 있는데, 이들은 각각 별도로 용도가 있다. 우선 복굴절의 특성이 남는 것의 한 응용례로서 〈그림 4-9〉에 보이는 것처럼 '화상 기록'에 사용하는 것이 있다. 다음으로 복굴절의 특성이 없어지는 것의 원리

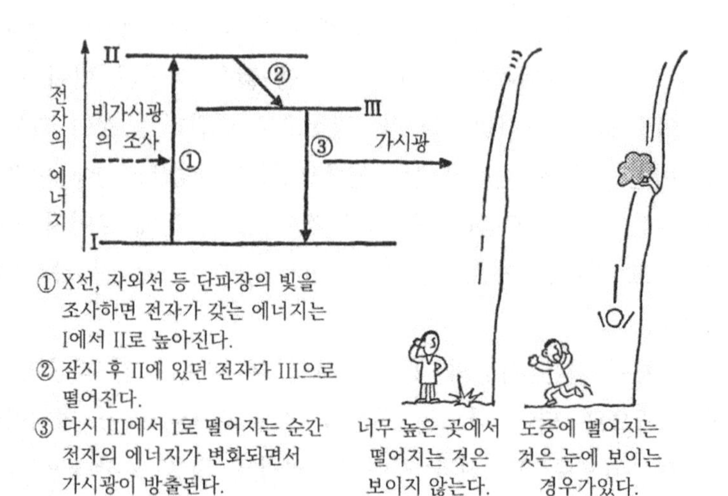

〈그림 4-7〉 X선 및 자외선용 형광체의 발광 원리(스토크스 법칙)

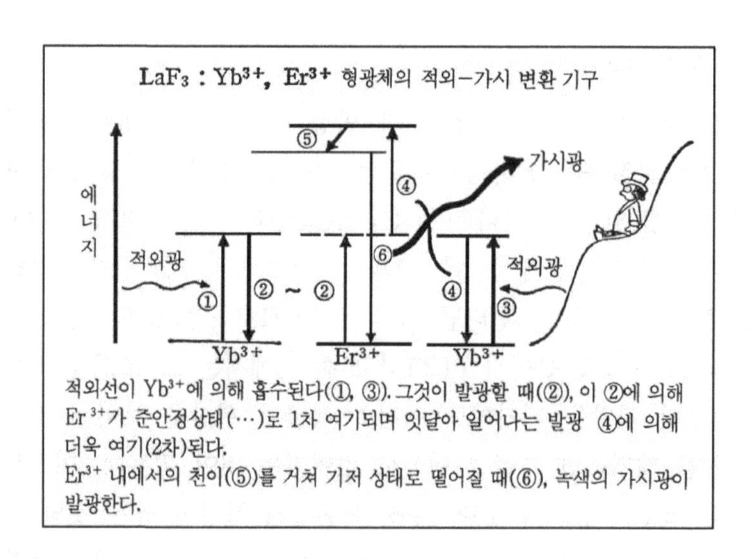

적외선이 Yb^{3+}에 의해 흡수된다(①, ③). 그것이 발광할 때(②), 이 ②에 의해 Er^{3+}가 준안정상태(…)로 1차 여기되며 잇달아 일어나는 발광 ④에 의해 더욱 여기(2차)된다.
Er^{3+} 내에서의 천이(⑤)를 거쳐 기저 상태로 떨어질 때(⑥), 녹색의 가시광이 발광한다.

〈그림 4-8〉 반스토크스 법칙

① PLZT판의 상하 방향(아래 그림)으로 높은 전압을 가하면
상하 방향으로 분극 형성

② 이 경우 PLZT판에 직각(x 방향)으로 입사한 빛은 ±z, ±y 방향의
진동성분을 갖고 있지만

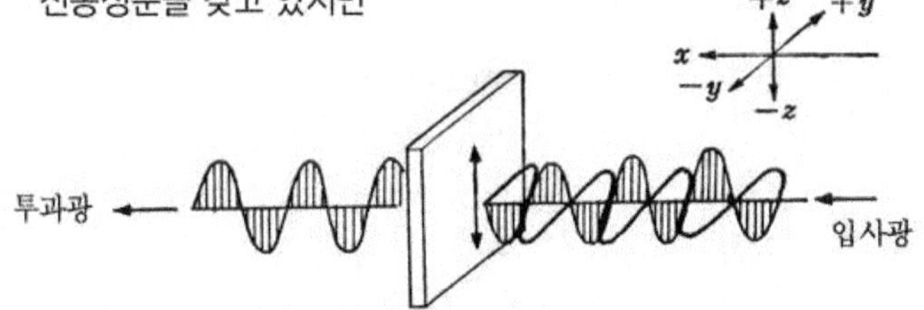

±z 방향으로 분극된 PLZT판은 ±y 방향의 빛만이 통과된다.

③ 이 PLZT판을 투과성 도전막과 광전도막으로 피막한다.

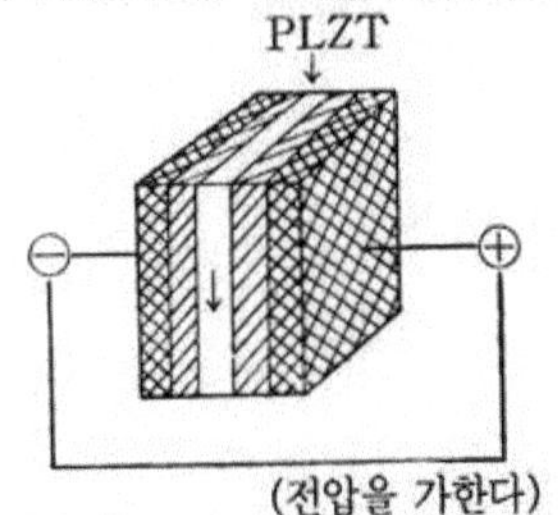

투광성도전막

광전도막

빛이 조사되지 않으면 광전도막은 절연체와 같기 때문에 전류가 흐르지 않고 PLZT판에는 전압이 걸리지 않는다.

④ 화상 A를 통해 빛을 조사한다(A자만이 빛을 통한다).

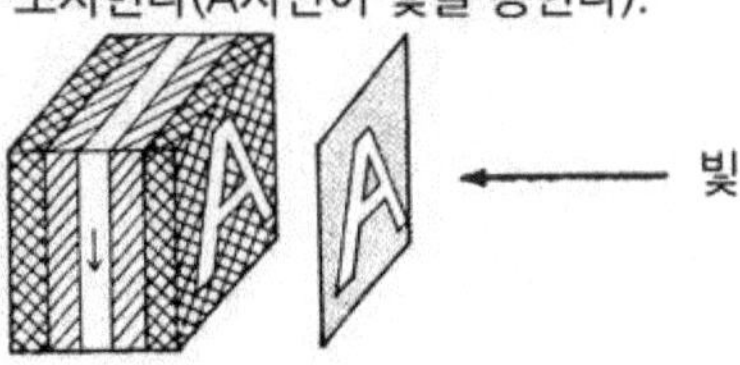

〈그림 4-9〉 PLZT판을 사용한 화상기록 디바이스

⑤ 빛이 닿았던 부분만 광전도막에 전기가 통하게 되어 (▩ 부분)

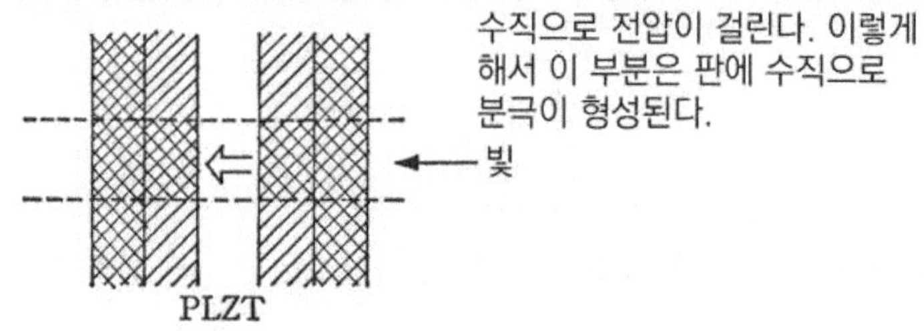

수직으로 전압이 걸린다. 이렇게 해서 이 부분은 판에 수직으로 분극이 형성된다.

⑥ 투광성 도전막과 광전도막을 떼어낸다.

화상 A의 부분만 PLZT판에 수직으로 분극된 상태가 되고, 다른 부분은 상하 방향으로 분극이 형성된다.

A의 부분만은 x 방향의 빛을 조사했을 때 ±z, ±y 방향 모두 빛이 통한다. A 이외의 부분은 ±z 방향만 통한다.

⑦ ±y 방향으로 분극된 편광판(±z 방향의 빛은 통하지 않는다)을 통해서 보면 A의 화상만이 보인다.

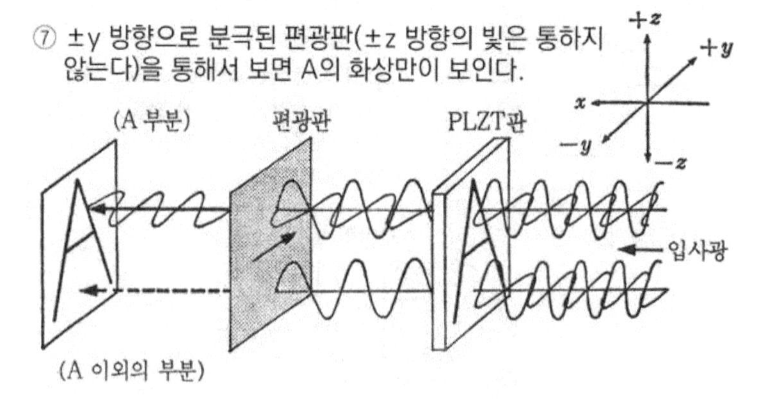

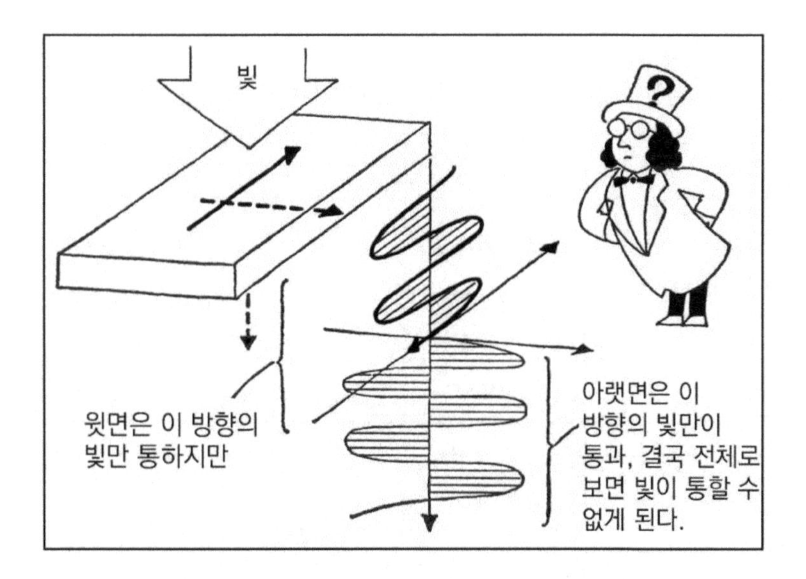

〈그림 4-10〉 빛이 닿으면 빛이 통하지 않는다?

를 〈그림 4-10〉에서 설명한다.

PLZT판의 윗면과 아랫면에서 빛이 닿았을 때 분극 방향이 직교하도록 미리 광전도막과 투광성 전도막을 도포(일반적으로는 빗살형)해 둔다. 빛이 닿으면 윗면과 아랫면에서는 통하는 빛의 성분이 달라진다. 이것은 평광판이 직교한 것과 같은 효과를 보이기 때문에 빛이 통하지 못하게 된다. 즉, 빛이 닿으면 빛이 통하지 않는다는 모순이 생기게 된다. 이는 역으로 말해 빛이 조사되지 않도록 하면 곧 빛이 통한다는 의미가 된다. 그러나 실제 강한 빛을 조사하면 약한 빛이 통하는 형태로 되기 때문에 빛이 강한 곳에서나, 섬광이 나오는 작업 등을 할 경우 안경에 사용하면 좋다. 실제로 이 안경을 끼고 사진용 플래시광을 보려고 해도 빛을 볼 수 없게 된다. 이러한 선글라스가

〈표 4-2〉 센서의 용도와 재료의 예

세라믹 재료	변환 현상	용도	기타 재료
	(열, 온도를 검출)		
서미스터 재료, 감온 페라이트 도전성 세라믹스	열→전기	온도계	Rt－Rh Ni－Cr 열전대
	열→체적 변화 (팽창)		바이메탈, 수은, 알코올 등
산화알루미늄계 세라믹스	열→형상 변화	퓨즈 방화용 산수장치	저융점 합금
	(압력)		
수정 타이타늄산 바리움 PZT 등	압력→전기	스트레인 게이지, 소나, 픽업, 가스 점화소자, 혈압계	스트레인 게이지 (Cu)
	(광)		
p-n반도체접합	빛→전기	광전지, 태양전지	
$LiTaO_3$, $PbTiO_3$ 등		초전형 적외선검지기	
광도전성 글라스 전기광학 세라믹스 ($LiNbO_3$ 등)		광변조기 광편광기	
감광성 글라스 포토크로믹 글라스	빛→투과율 변화	광셔터 조리개, 안경 등	
	(가스)		
지르코니아	가스→전기	산소 센서	
SnO_2 등 산화물 반도체		가스 센서	
TiO_2 등		배기가스 센서	
	(음)		
수정 PZT계 세라믹스 압전 세라믹스	음→전기 음→압력	진동자, 마이크로 폰, 초음파 탐지기, 보청기 등	소리굽쇠 (음차)
$PbTiO_3$, $LiNbO_3$ 등	음→빛	(음향광학 효과)	
	(이온)		
격막재료 (글라스/세라믹스)	이온→전기	이온 농도 검출	
pH미터용 전극		pH미터	

시판된다면 많은 사람들이 애용할 것으로 생각되지만 유감스럽게도 값이 비싼 것이 흠일 것이다.

3장과 4장에서 기술한 재료의 전기적 성질과 광학적 성질이 실제 어떠한 센서에 응용되고 있는가를 〈표 4-2〉에 정리해 보았다.

5장
세라믹 센서의 용도

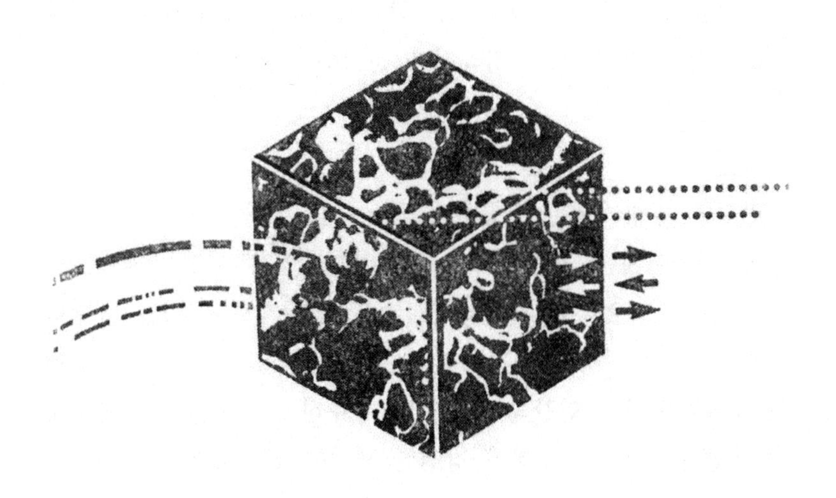

세라믹 센서에 어떤 재료가 사용되고 있고, 그것이 어떠한 장치로서 센서의 기능을 보여 주고 있는가, 그리고 그것이 인간의 오감과 어떻게 대응하고 있는가를 이제까지 기술해 왔다. 곳곳에서 응용에 대해서도 언급해 보았지만 이 장에서는 이것을 용도별로 정리해 보고자 한다. 센서가 사용되고 있지 않은 곳이 거의 없을 정도로 많은 응용 방법이 있으며 센서에 요구되는 가장 중요한 성질로는 신뢰성, 안전성, 내구성을 들 수 있다.

센서의 용도를 크게 나누면 로봇, 자동차, 화학 공정, 가전제품, 보안 및 방재, 의료 진단, 재료 검사, 지진 예지, 자원 탐사, 기상 등으로 구분해 볼 수 있다. 이들 각각에 대해서 현재의 상황을 소개하고 그 장래성을 검토해 보기로 한다.

로봇

인간이 일하기에는 적합하지 않은 환경에서 인간 대신 일하도록 만들어지는 지능기계가 로봇이다. 인간 대신 일하게 할 수 있는 환경으로는 지하의 고온 또는 부식성이 있는 곳이나 해저, 방사선이 강한 원자로의 내부, 우주공간 등이 있다. 이러한 상황하에서는 인간의 오관보다 우수하고 가혹한 조건에서도 견뎌 낼 수 있는 튼튼하고 강인한 센서를 필요로 한다.

눈: 로봇의 눈이라면 어두운 곳에서도 볼 수 있어야 하므로 적외선도 감지할 필요가 있다. 또 스스로 초음파를 발신하여 반사되어 오는 음을 감지하면서 장애물까지의 거리를 측정하고 상대의 형상을 판단하는 것도 필요할 것이다. 이 경우는 귀가 눈의 역할을 하는 셈이다. 그리고 적외선의 강도를 측정함으로써 상대의 온도를 접촉 없이 알 수 있다. 아무리 로봇이라고

소프트터치 로봇

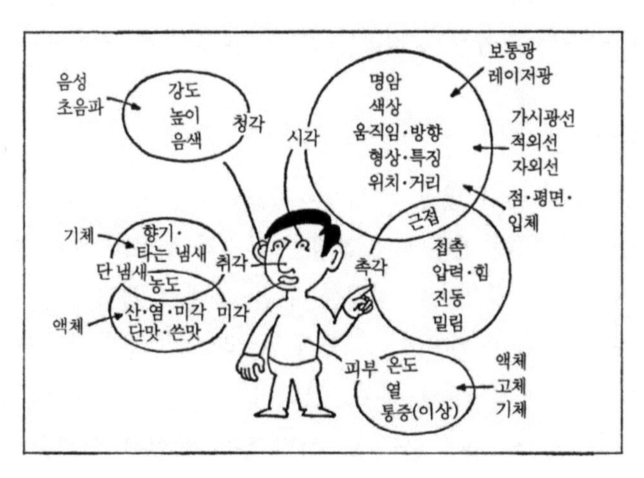

〈그림 5-1〉 오관에 대응하는 로봇용 센서

해도 화상을 입을 우려가 있기 때문이다.

귀: 어두운 곳에서는 눈의 역할을 한다. 고온에서도 들을 수 있는 귀를 갖추기 위해서는 고온에서도 사용할 수 있는 세라믹 압전체의 개발이 이루어져야 한다.

손: 부드러운 터치로부터 꽉 움켜쥐는 것에 이르기까지 자유자재로 컨트롤할 수 있어야 한다. 현재는 촉각 센서를 비롯하여 많은 진전이 이루어지고 있지만 아직 개량되어야 할 점이 매우 많다. 특히 가혹한 조건에서도 동작되어야 할 필요가 있기 때문에 그 재료의 개발이 매우 중요한 과제이다.

코와 혀: 주변의 분위기나 화학조건을 체크하는 데 필요하다.

예를 들어 원자로 내부와 같이 방사선이 강한 조건에서 만에 하나 원자로가 고장이 났을 때 수리에 나서야 할 것은 로봇밖에 없다. 원자력 발전에 있어서 최대의 문제점은 고장 시의 수리와 방사선 폐기물의 처리일 것이다. 방사선에 강한 지능로봇이 개발된다면 이러한 문제를 해결하는 데 큰 도움이 될 것이다.

자동차

자동차에는 이미 많은 센서가 사용되고 있다. 배기가스를 깨끗하게 하기 위해 엔진에 흡입되는 공기와 연료의 비를 제어하는 산소 센서, 배기가스 정화를 위한 촉매의 동작조건을 제어하기 위한 고온형 서미스터, 윈도우글라스가 뿌옇게 흐려지지 않도록 하는 결로(結露) 센서, 연료의 잔류량을 지시하는 액면 센서, 냉각수 온도를 지시하는 서미스터, 엔진의 회전수 및 주행 속도를 알려주는 센서 등이 있다. 최근의 자동차는 마이크로컴퓨터에 의해 최적의 주행 루트가 자동적으로 선택되게 되

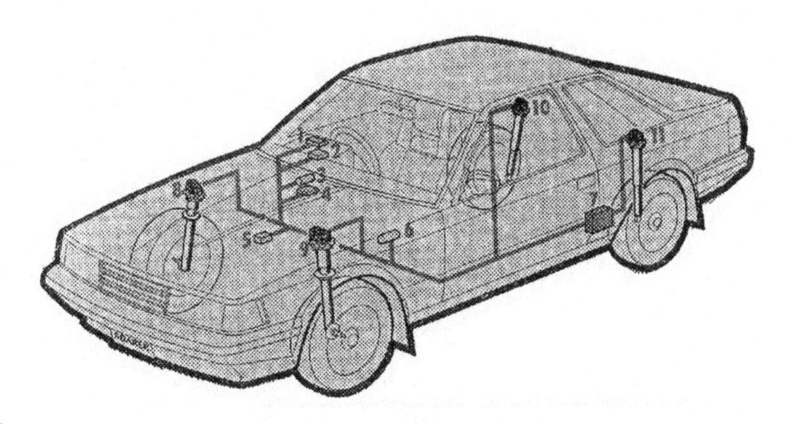

1 디지털식 속도 센서 2 모드 선택 스위치
3 스탑램프 수위치 4 스티어링 센서 5 스로틀 포지션 센서
6 뉴트럴 스타트 스위치 7 컴퓨터 8~11 액추에이터
〈그림 5-2〉 자동차에 사용되고 있는 센서(도요타 자동차 제공)

어 있는데 이는 위치 센서가 있기 때문이다.

좀 더 진전되면 고속도로 등에서 전후의 차간 거리 및 가드레일로부터의 거리를 항상 판단하면서 무인 조종하는 것도 가능하게 될 것이다. 적어도 고속도로에 진입해서 행선지를 입력하면 잠이 들더라도 정확히 목적지에 도착되게 하는 것은 기술적으로 이미 가능하다. 압전체를 사용한 거리 센서, 속도 센서, 차체 번호 식별 센서 등을 장착하면 되기 때문이다. 이미 일부의 골프장에서 캐디 카트(Cart)에 초음파 조종이 채용되고 있다.

마주 오는 두 차가 상향 라이트를 켜고 있기 때문에 눈이 부셔서 운전에 어려움을 겪는 일은 많은 운전자들이 경험한다. 이런 경우 마주하는 라이트를 감지해서 라이트가 하향되게 하거나, 빛이 닿으면 편광이 발생하는 전기광학 효과 또는 신속한 포토 크로미즘 현상을 이용하면 좋을 것이다. 음주운전이

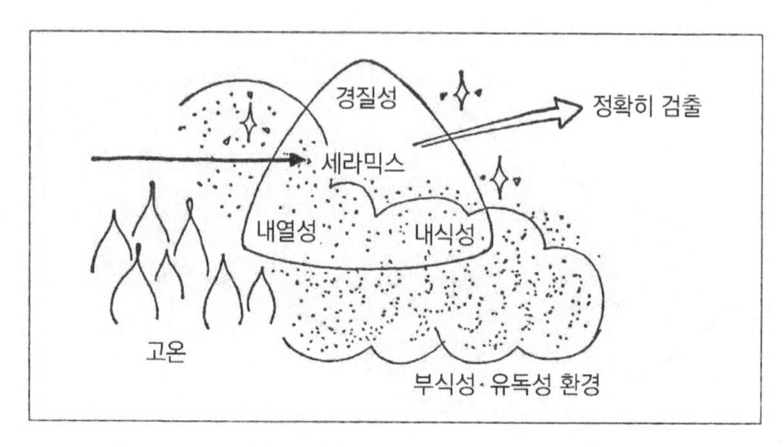

〈그림 5-3〉 화학 프로세스에는 단단하고 견고한 센서가 필요

불가능하도록 하기 위해 알코올 센서와 도어 록 센서를 결부시켜 놓은 차도 개발되고 있다.

화학 프로세스

제철소나 제련소에서 용광로에 맨 처음 넣어진 센서는 지르코니아 산소 센서였다. 이 센서는 용융된 동 속에 함유되어 있는 미량의 산소를 지시해 줄 수 있다. 고온이나 부식성, 독성, 폭발성이 있는 가혹한 환경에서, 그 조건이나 상황을 정확히 파악하여 필요한 제어장치가 올바르게 가동되도록 하기 위해서는 신뢰성이 높은 센서가 필요하다.

알루미늄의 제련에서는 배기가스 중의 플루오린 가스의 농도를 철저히 억제해야만 한다. 플루오린화란타넘을 이용하는 플루오린 센서가 그 감시 역할을 하고 있다. 중금속이나 할로겐화합물을 취급하는 화학공업에서는 배수(排水) 중에 함유되는 이들의 농도를 억제하기 위해 그 이온 센서가 이용되고 있다.

IC, LSI 등의 제조 산업에서는 생각지도 않게 비소나 인 등 독성 있는 가스가 사용되고 있다. 만약 이들이 누설된다면 큰일이 될 것이다. 물론 그러지 않도록 잘 관리되고는 있지만 만일 누설되는 일이 있을 경우 재빨리 그것을 체크할 센서가 필요하다. 그러나 유감스럽게도 아직 좋은 것이 개발되지는 못했다.

물론 온도, 습도, 가스나 용액의 유속, 압력 그리고 이외에도 관리해야 할 정보는 수없이 많다. 이들을 정확히 알기 위해서는 정밀도가 높고 신뢰성 있는 센서, 즉 화학 프로세스의 오감이 필요한 것이다.

가전제품

전기밥통의 히터나 온도 센서, 스위치에 사용되는 세라믹스는 반도성의 타이타늄산바륨 또는 페라이트 자석이다. 전자레인지의 조리 모니터에는 습도 센서 또는 서미스터가 사용되며, 착화소자로는 세라믹 압전체, 스위치는 터치 센서가 사용되고 있다. 초음파를 이용한 TV 무선 채널 변환기에도 압전체가 이용되고 있다. 또 에어컨에는 온도 센서와 습도 센서가, 카세트테이프 리코더나 비디오의 테이프 엔드 체크에는 광센서 또는 자기 센서, 냉장고에는 결로 센서 등 수없이 많은 센서가 이용되고 있다.

보안과 방재

가스 누설 경보기의 핵심은 가스 센서다. 프로판 가스에 대해서는 일단 센서가 개발되어 이용되고 있지만 일산화탄소에 대해서는 비교적 미흡한 상태다. 화재경보기에는 온도 센서나

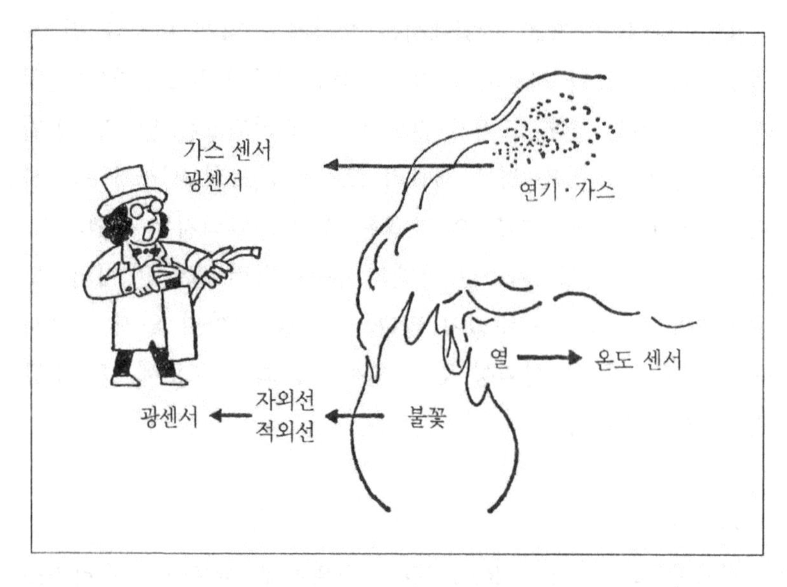

〈그림 5-4〉 화재 검지 센서

광센서가 이용되고 있으며 연기 감지기에도 가스 센서 또는 광센서가 사용되고 있다.

금고털이 도둑의 침입을 체크하는 데는 초전 센서가 이용된다. 물론 이때는 현관 밖에 방문객이 있는지의 여부도 체크할 수 있다. 유리가 깨지는 소리나 유리 절단 시 그 면을 따라 전달되는 파열음도 압전 센서를 사용해서 들을 수 있다.

탄광에서 갱내의 가스 폭발도 가스 센서가 정확하다면 미리 알 수 있으며 나아가 폭발 방지를 위한 대책도 세울 수 있을 것이다. 맨홀에서의 산소 결핍으로 인한 사고도 산소결핍 센서가 있다면 방지할 수 있을 것이다.

눈사태 등으로 생매장된 사람을 한시바삐 찾아내는 데는 초전 센서가 사용된다. 사람이 매몰되어 있는 곳은 눈 표면의 온

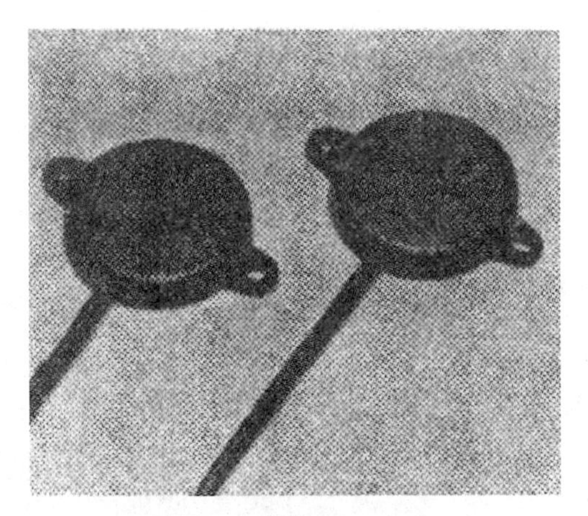

압전체를 사용한 방범용 충격 센서
(무라다 제작소 제공)

도가 약간이나마 높게 나타나기 때문이다.

스파이들이 잘 사용하는 것으로 도청장치가 있다. 이들은 도청할 장소에 미리 침투해 들어가서 도청기를 장치해 놓는다. 때문에 종종 증거를 남겨 문제가 되는 경우가 있었다. 그러나 이제는 놀랍게도 대화할 때 극히 미세하게 진동하는 창유리를 멀리서 감지하여 그것을 음성으로 변환시키고 있다. 이 창유리의 진동을 체크하는 것은 초음파 센서로서 그 원동력은 압전 센서이다. 소곤소곤 주고받는 이야기도 모두 센서를 통해 감지되어 새어 나간다. 마찬가지로 실내에 초음파 발진자와 반사하는 초음파의 검출기(센서)를 설치해 두면 불법 침입자가 있는 경우 평상시와는 다른 반사파(초음파)가 검출됨에 따라 경보가 울리게 할 수도 있다.

초음파 의료 진단장치(도시바메디컬 제공)

의료 진단

초음파 진단으로 담석이나 체내에 박혀 있는 금속 파편을 찾아내는 것이 가능해졌다. 방사선 장해에 대한 염려 때문에 태아의 진단에는 X선 대신 초음파를 이용한다. 이 경우에도 초음파의 발생과 검출에는 세라믹 압전체가 사용된다. CT스캐너라고 불리고 있는 장치가 바로 이것이다.

미숙아의 보육기에는 산소의 농도를 높인 공기가 이용된다. 그러나 산소의 농도를 너무 높이면 눈에 망막증(網膜症)을 일으켜 아기가 실명할 우려가 있게 된다. 보육기 내의 산소 농도는 항상 정밀히 체크하여 안전한 농도가 유지되도록 해 두어야 한다. 이런 경우 신뢰성 있는 산소 센서가 필요한 것이다.

또한 환자의 경우 맥박수나 혈류, 혈압, 호흡 등을 세라믹 압전체를 통해서 항상 체크해 두고 있으면 환자의 상태가 급변하더라도 바로 알 수 있게 된다. 환부는 열을 낸다. 따라서 초전 센서를 사용하여 신체의 어느 부분에 염증이 있는가를 알 수도 있다.

의료와 직접적으로는 관계가 없을지도 모르지만, 사람의 체형을 직접 접촉해서 측정하지 않고 초음파에 의한 거리 센서로 알 수 있다. 이 센서를 이용하면 개인의 체형에 맞는 양복 등을 디자인하는 데 있어 기초 자료를 얻을 수 있게 된다.

다음으로 생체 기능 회복의 수단이 될 수도 있다. 센서의 기능이 인간이 가지고 있는 오감의 역할을 충분히 대행할 수 있도록 진전된다면 오관의 일부가 부자유스러운 사람에게 세라믹 센서가 그 기능을 대행할 수도 있을 것이다. 이미 인공 치근(齒根), 인공 관절 등이 생체의 대체골(代替骨)로서 아무런 부작용 없이 잘 사용되고 있음을 볼 수 있다.

재료 검사, 지진 예지, 자원 탐사 및 기상

재료 내부의 결함은 초음파 센서로 탐지해 낼 수 있게 되었다. 예로부터 인간은 찻잔이나 항아리 등의 내부 결함의 여부를 손가락을 튕겨 그 소리를 들음으로써 진단해 왔으며, 수박이 잘 익었는지도 수박을 '통통' 두들겨 그 반향을 들음으로써 판단해 왔다.

현대의 기술에서는 초음파를 이용하여 더욱 세부적인 곳까지 결함의 여부를 진단할 수 있게 되었다. 세라믹 엔진의 성패도 차에 탑재하기 전에 보이지 않는 내부 결함을 체크할 수 있는가에 달려 있다고 한다. 인간의 귀의 능력을 초월하는 압전체

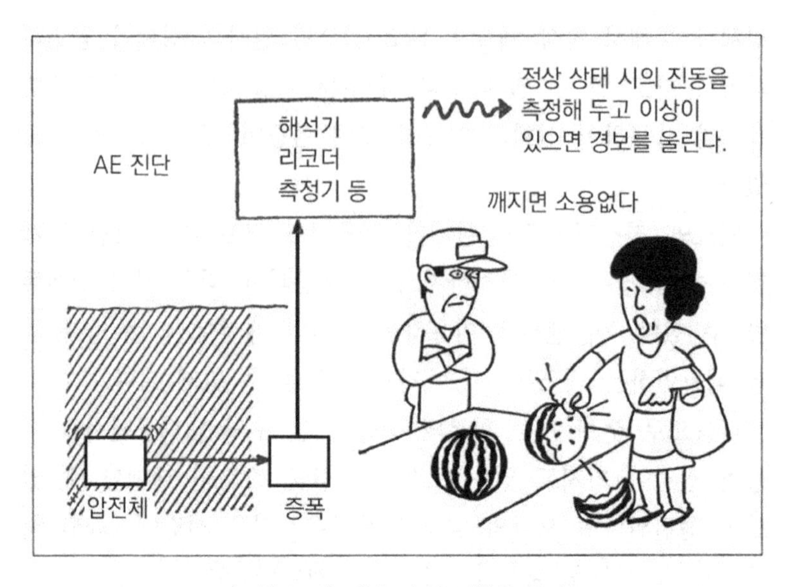

〈그림 5-5〉 재료 속의 결함을 안다

를 더욱 개발한다면 물질 속의 극히 작은 결함도 검출될 수 있을 것이다.

콘크리트로 만들어진 교량 내부의 결함 유무는 이미 초음파를 이용하여 체크되고 있다. 교량에 균열이 생겨 무너지기라도 한다면 큰일이다. 항상 체크해서 무너지기 전에 미리 보수를 해야만 한다.

물체에 균열이 생길 때는 인간의 귀에는 들리지 않는 소리가 나온다고 하며 균열이 커져갈 때도 소리가 나온다고 한다. 이 소리를 듣고 지금 어디에 균열이 일어나고 있는지 그 위치를 상세히 해석할 수 있다면 현재 사용되고 있는 기계나 장비 등의 수명을 예측하는 것도 가능할 것이다. 이것을 Acoustics Emission(AE) 진단이라고 한다. 이 원리를 이용하여 지각(地

殼) 내에 압전 센서를 묻어 둔다면 지각변동을 연속적으로 체크할 수 있을 것이다. 세라믹 엔진의 자동차가 일반적으로 사용될 때쯤에는 지진의 예지도 가능하게 될 것이다(기술적으로 공통성이 있기 때문에).

지각의 모습도 지진파의 전달 모양과 반사되는 파를 통해서 조사할 수가 있다. 물론 인공지진이라도 좋다. 석유나 천연가스가 축적되어 있을 듯한 지각구조를 발견해 낼 수 있을 뿐만 아니라 중금속이 집적되어 있는 곳도 찾아낼 수 있을 것이다.

바닷속에서도 같은 원리를 이용하여 어군의 탐지나 수온의 분포, 해류의 경계 등을 조사할 수 있다. 이제는 어업에 있어서 빼놓을 수 없게 된 것이 초음파 센서다.

바다는 평탄하지 않다는 보고가 있지만, 실제 인공위성으로부터 해면까지의 거리를 조사하면 해구(海溝)가 있는 곳은 낮게, 해령(海嶺)이 있는 곳은 높게 나타난다고 한다. 이것은 초음파에 의한 거리 센서를 이용하고 있는 것이다. 공중에서 압전초음파 센서로 밑을 관찰하면 지상의 요철(凹凸)이 전부 드러난다. 또 공중에서 초전온도 센서로 관측해 보면 지상의 온도 분포를 바로 알 수 있다. 이러한 것은 이미 일기예보에 적극 활용되고 있다.

부록
—세라믹 센서 용어집

- 각종 센서(세라믹스 중심)와 센서 재료의 성질 및 여러 가지 현상에 대해 간단히 설명했다.
- 본문 중에 자세한 설명이 있는 것에 대해서는 간략하게 기술하였다.
- 각 항목에 내용이 기재되어 있는 위치를 표시했으므로 '찾아보기'로서도 이용할 수 있다.

• 가스 센서 2-코와 취각, 3-1. 도전성, 5-보안과 방재, 〈그림 3-12〉, 〈그림 3-15〉

가스의 종류 및 농도 등을 검출한다. 대상이 되는 가스로는 프로판 가스, 일산화탄소 등의 가연성 가스, 산소, 알코올 등이 있다. 가스 농도에 의한 저항의 변화, 기전력의 발생 등을 이용한다.

• 가스 선택성 3-1-iii

특정 가스에만 잘 감응하는 성질. 가스 센서에 요구되는 중요 조건의 하나.

• 가스 누설 센서 2-코와 취각, 5-보안과 방재, 〈그림 3-14〉

도시 가스나 프로판 가스 등의 누설을 검출하는 가스 센서. 가스가 누설되기 쉬운 곳에 설치한다. 오보(誤報)를 피할 수 있도록 하기 위한 연구가 필요하다.

• 가속도 센서 3-3-iii 후반부, 5-자동차

→ 속도 센서

• 감온(感溫) 페라이트 2-피부와 촉각, 〈그림 3-39〉

온도 변화에 의해 자기특성이 변하는 페라이트. 퀴리온도를 넘으면 자성을 잃어버린다. 온도 센서와 스위치의 두 가지 역할을 수행하며 전기조리기 등에 이용된다.

• 감열(感熱) 센서

→ 열 센서, 온도 센서

• 강유전성, 강유전체 〈그림 3-29〉

결정 내의 양전하와 음전하의 중심이 본디 어긋나 있기 때문에 생기는 자발분극의 방향이 외부로부터 가해지는 전기장에 의해 변화되는 성질. 이러한 성질(강유전성)을 보이는 물질은 필히 초전체이며, 초전체는 반드시 압전체가 된다. 초전체나 압전체 모두 센서로서의 유용한 재료가 된다.

• 거리 센서 3-3-i 후반부, 5-자동차, 5-재료검사

대상물까지의 거리를 측정한다. 탐측기 등 초음파를 이용하는 예가 많다(→ 초음파 센서). 광을 이용하는 경우도 있다.

• 결로(結露) 센서 5-자동차, 5-가전제품

습도 센서에 의해 결로를 감지한다. VTR의 결로 방지나 자동차의 유리 등에 사용된다.

• 고체전해질 3-2

고체 중을 이온이 이동하여 전기가 흐르는 물질. 이온 센서

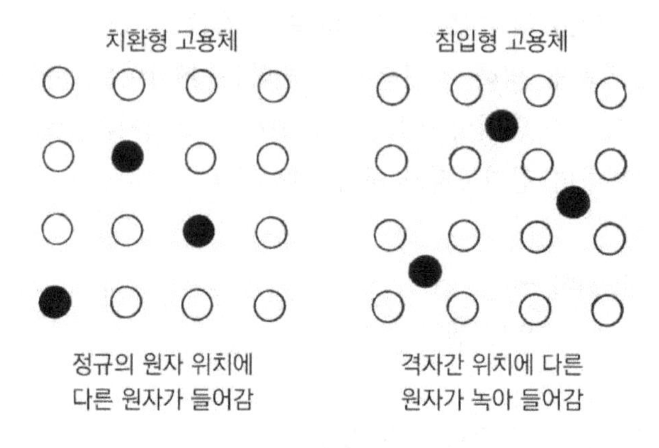

고용이란

등에 이용되고 있다. → 이온 전도성

- 고용(個落) 3-1-ii 후반부

순수한 물질로 되어 있는 결정에 그 구조를 변화시키지 않고 다른 물질을 포함(균일하게 용해)시키는 것을 말한다. 수용액에서는 수중에 다른 물질이 녹아 있지만, 고용체에서는 고체 상태로 별도의 물질이 녹아들어 있게 된다. 다른 원자가 녹아드는 방법에 따라 고용체는 2가지 종류로 분류된다(그림 참조).

세라믹스의 경우 비교적 자유롭게 화합물을 조합시켜 고용체를 만드는 것이 가능하지만 그중에서도 동일한 결정구조를 갖는 물질이나 이온의 크기가 비슷한 것 등이 고용시키기 쉽다. 조합 및 고용의 비 등에 의해 센서로서 유용한 많은 기능을 얻을 수 있다.

• 광기전력 효과 4-광학적 성질, 4-ii

빛이 닿으면 전압이 발생하는 효과. 일반적으로 p형 반도체와 n형 반도체를 접합시킨 다이오드에 빛을 조사하면 이 효과가 얻어진다. → Photo-Diode

• 광센서 4-광학적 성질

물질의 광학적 성질을 이용해서 각종 빛을 검지하여 별도의 형태로 변환한다. 가시광에 감응하는 것 외에 자외선, 적외선 등에 감응하는 것도 많아서 검출될 수 있는 빛은 매우 넓은 영역에 걸친다. 또 검출 기구(메커니즘)도 다양해서 저항의 변화, 기전력의 발생에 의해서 검출하는 타입과 색이 변하는 등 물질의 성질이 변하는 것, 빛의 성질을 바꾸는 것 등이 있다. 광파(光波)의 도플러 효과를 이용한 속도 센서나 거리 센서, 연기 센서, 그 밖의 많은 분야에 응용되고 있다.

• 광전도 효과 4-광학적 성질, 4-ii

광이 닿으면 전류가 흐르기 쉬워지는 현상.

• 냄새 센서

냄새 또는 냄새를 갖는 기체를 검지, 식별하는 센서. 가스 센서도 냄새 센서의 일종이라고 말할 수 있다. 여러 가스 센서의 조합으로 냄새 센서를 만들고 있는 예가 있다. 사용되는 가스 센서는 산화아연(ZnO)이나 산화주석(SnO_2) 등의 산화물 반도체로서, 가스의 흡탈착에 의한 도전율의 변화를 이용한다. 특정 냄새에 대한 여러 가스 센서의 출력으로부터 어느 패턴이 만들어진다. 몇 가지 냄새에 대해서 각각 대응하는 표준 패턴을 미리 마련해 두고, 미지의 냄새에 대한 패턴이 어느 것에 가장 유사한가를 조사함으로써 냄새를 판별할 수 있게 된다. 인간의 경우 같은 냄새라도 향기로 느끼거나 악취로 느끼는 등 미묘한 취각을 갖고 있기 때문에 코와 같이 다양하게 감응하는 센서는 아직은 개발되지 못했다.

• Nonstoichiometry 3-1-ii

양이온과 음이온의 비가 반드시 조성식으로 표시되는 것처럼 정확하게 1:1 또는 1:2와 같이 정수비가 되지 않는 물질을 Nonstoichiometry라 한다. 어느 쪽인가의 이온이 약간 과잉이 되거나 또는 부족한 상태가 되는 것이다. 이러한 이온의 거동으로부터 센서로서 유용한 전기적 성질을 얻어 산소 센서 등에 응용하고 있다. → 비화학량론

이온의 비가 정확하게 정수비로 되어 있는 물질을 Stoichiometry라 부른다. 실제 물질에는 다소의 결함이 있게 마련이어서 순수한 Stoichiometry라 부를 수 있는 물질은 거의 없다. 그러나 보통은 결함이 비교적 많은 물질(Nonstoichiometry)과 구분하여 Stoichiometry라 부르고 있다.

• 농담(濃淡)전지 3-2-i 후반부

전해질 양단에서의 물질의 농도 차로부터 기전력이 발생하는 전지. 고체 전해질을 사용한 센서에서 이 원리가 응용된다. 예를 들어 플루오린 이온 센서에 사용되는 플루오린화란타넘(LaF_3)에서는 발생되는 기전력의 크기가 양단에서의 플루오린

이온의 농도비에 의존한다. 따라서 기전력을 측정함으로써 플루오린 농도를 알 수 있게 된다.

• 다이오드 3-1-iv, 4-ii

p-n접합(p형 반도체와 n형 반도체의 접합)의 정류특성을 이용한 반도체소자. 정류특성이란 p-n접합에 있어서 전류가 p형으로부터 n형의 방향으로는 흐르지만(순방향), 역으로는 거의 흐르지 않는(역방향) 성질이다.

• 다기능 센서 〈그림 2-6〉

하나의 소자로서 여러 가지 기능을 갖는 센서. 예를 들면 온도와 습도를 각각 하나의 소자로 검출할 수 있는 경우를 말한다.

• 다공질체 3-1-iii, 3-1-iv

세라믹 소결체로서 입자가 치밀하게 소결되지 않고 구멍투성이의 구조를 갖는다. 다공질체는 가스나 수분이 흡착되기 쉬워 가스 센서나 습도 센서로서 유용하게 이용된다.

• 도플러 효과 2-귀와 청각, 3-3-ii 후반부

파의 발생원이나 관측자가 이동하고 있을 때 관측되는 파의 진동수가 변화하는 현상. 이 원리를 응용하면 이동하는 물체의 속도를 측정할 수 있다. 야구 경기에서 볼의 속도를 측정하는 Speed Gun이나 자동차의 속도 측정(속도위반 차량의 적발 시), 비행기 착륙 시 지면에 대한 강하 속도의 측정 등은 도플러 효과를 이용한 속도 센서의 응용 사례다.

• 리모트센싱(원격 측정)

인공위성에 각종 센서를 탑재해서 지표면, 해표면으로부터의 전자파를 관측함으로써 정보를 얻는다. 물체의 표면은 가시광선이나 적외선, 자외선, 마이크로파 등의 전자기파를 반사하므로 그들을 측정하여 물체를 식별할 수 있다. 또 고온이 될수록 강한 적외선이 방사되기 때문에 적외선을 체크함으로써 온도 분포를 알 수 있다.

• 미각 센서 2-혀와 미각

맛을 감지하는 인간의 혀(舌)에 해당하는 센서. 미각이란 식품에 포함된 화학성분의 종류와 농도를 식별하는 것이지만 매우 복잡하고 미묘한 감각이다. 그래서 이를 위해 효소를 사용하기도 한다. 당분이나 염분 등 특정 물질의 검출을 위한 많은 연구가 행해지고 있지만 아직 생체의 수준에는 이르지 못했다.

• 반(反)스토크스 법칙 4-iv, 〈그림 4-8〉

형광체에 흡수된 빛보다도 짧은 파장의 빛이 방사되는 현상을 말한다. 적외선과 같이 가시광보다 파장이 긴 빛을 가시광으로 변환할 수 있다.

• 비화학량론(非化學量論)

Nonstoichiometry라고도 부른다. 성분원소, 예를 들면 양이온과 음이온의 비가 간단히 정수비로 되지 않는 화합물을 비화학량론적 화합물 또는 부정비(不定比) 화합물이라고 한다. $Co_{1-\delta}O$로 표시되는 산화코발트는 양이온인 코발트가 부족한 경우

이며, $Ti_{1+\delta}O_2$로 표시되는 산화타이타늄은 양이온 과잉의 예다. 이온의 부족 또는 과잉 상태를 격자결함이라 한다. 이 결함의 양에 의해서 도전율이 변화하지만 결함의 양도 온도 또는 산소 분압 등의 변화에 따라 달라진다. 그렇기 때문에 이러한 성질은 산소분압의 변화를 도전율의 변화로서 검출하는 산소 센서 등에 이용되고 있다.

• 비선형광학 효과 〈그림 4-2〉

어떤 종류의 결정에서는 입사광의 절반인 파장의 빛이 방사되는 경우가 있는데 이를 비선형광학 효과라 한다. 입사한 적외선을 가시광으로서 검출하는 것이 가능하여 적외선 센서 등에 이용될 수 있다.

• 반도성 3-1

반도체가 보이는 성질. 도전율의 온도 의존성(온도 변화에 의해 전기저항이 변화하는) 등은 온도 센서에 이용된다.

• 반도체형 가스 센서 3-1-ii 후반부

산화물 반도체를 이용하여 가스 농도를 검출하는 센서. 가스의 흡탈착에 의한 전기저항의 변화에 의해 검출한다. 산화아연, 산화주석 등의 다공질체가 사용되고 있다.

• 복굴절

입사한 빛에 대해 2개의 굴절광이 나타나는 현상. 이때의 굴절광은 모두 직선편광이다. 두 굴절광의 진동 방향은 같지 않으며 각각 한 방향으로만 국한되어 있다. 전기장이나 자기장에 의해서 복굴절이 일어나는 성질은 광센서 등에 응용된다. → 전기광학 효과, 자기광학 효과

• 산소결핍 센서 2-코와 취각 후반부, 3-2-ii

안정화 지르코니아를 사용한 적정형(滿定型)의 산소 센서. 산소의 결핍 상태를 검출한다.

• 산소 이온 전도성 3-2, 3-2-i

산소 이온이 이동하여 전기가 흐르는 성질. 산소 센서에 이용된다. → 이온 전도성

• 산소 센서, 산소분압 센서 2-코와 취각 중반부, 3-1-ii 후반부, 3-2-i, 5-화학 프로세스, 5-의료 진단

산소 가스나 산소 이온의 존재, 산소의 농도를 검출한다. 산화물이 활용된다.

• 서리 센서

냉동고, 냉장고, 에어컨 등의 열교환기에 부착되는 서리를 검출하는 센서. 압전성을 이용한 압전진동자에 서리가 부착함으로써 공진 임피던스가 변화되는 현상을 이용한다.

• 성분 센서

가스, 이온 등의 화학성분을 식별, 검출한다. → 화학 센서

• 센서

인간의 오감에 상당하는 기능을 갖는 장치. 대상이 되는 입력 정보(빛, 자기, 압력, 진동, 소리, 열, 온도, 습도, 가스, 이온 등)를 정확히 감지하여 처리하기 쉬운 전기신호 등으로 변환한다.

• 속도 센서, 가속도 센서 3-3-ii 후반부, 5-자동차

야구 경기에서의 볼이나 자동차의 속도, 유체(流體)의 속도 등을 검출한다. 도플러 효과의 원리와 압전체를 이용하는 경우가 많다.

• 수질 센서 2-혀와 미각

수온, pH, 용존(簿存) 산소, 함유 이온, 탁도(濁度) 등을 검출한다. → 이온 센서

• 스토크스(Stokes) 법칙 4-iii, 〈그림 4-7〉

일반적으로 형광의 파장이 흡수된 광의 파장과 같거나 그보다 길게 된다는 법칙. 자외선, X선 등 단파장의 광을 가시광으로 변환하는 센서에 사용된다. → 반(反)스토크스 법칙

• 습도 센서 2-피부와 촉각 후반부, 5-가전제품, 〈그림 3-7〉

주로 습도의 변화에 의해 전기적 성질이 변화하는 현상을 이용한다.

• CTR 3-1-i 후반부

어느 온도에서 저항이 급격히 감소하는 서미스터. Critical Temperature Resistor의 약어

• CT스캐너 5-의료진단

CT(Computerized Tomography) 장치. 인체의 내장이나 뇌에서 임의의 단면을 사진으로 찍어 낸다. X선의 투과성과 컴퓨터에 의한 해석을 조합시킨 진단법이지만 X선 대신 초음파를 사용할 수 있게 되었다. 이 경우 초음파의 발신, 수신에는 압전체가 사용된다. → 초음파 진단

• Thermal 페라이트

→ 감온 페라이트

• 서미스터(Thermistor) 2-피부와 촉각, 3-1 후반부

온도에 민감한 저항체. Thermally Sensitive Resistor의 약어. 온도의 변화에 따라 전기저항이 변화한다. 저온용, 고온용 등 온도 센서로서 폭넓게 사용되고 있다. 저항 변화의 온도특성에 따라 NTC서미스터, PTC서미스터, CTR(Critical Temperature Resistor: 급변)서미스터로 분류된다. 보통 서미스터라고 하면 NTC서미스터를 가리키는 경우가 많다.

• 알코올 센서 〈그림 3-16〉

주로 가스의 알코올 성분을 검출하는 가스 센서의 일종. 호흡 시 배출하는 가스에 포함되어 있는 알코올 농도를 검출함으

로써 음주운전의 체크에 활용되고 있다. 재료로는 란타넘니켈 산화물(LaNiO_3) 등이 있고 알코올 농도에 의해 전기저항이 변화하는 성질을 이용한다.

• 압전성, 압전 효과 2-귀와 청각, 3-3 후반부

물체에 힘을 가해 신축시키는 순간 전압이 발생되는 성질. 또 역으로 물체에 전압을 가했을 때 팽창하거나 수축하는 성질도 압전성(엄밀하게는 역압전성)이라 한다. 압전성을 나타내는 물질을 압전체라 하며 압전체를 센서로서 사용할 때 이를 압전 센서라 한다. 순간적인 힘의 변화, 즉 충격을 검지할 수 있으며 기계적 진동과 전기적 진동과의 변환이 가능한 것 등으로부터 충격 센서, 진동 센서까지 그 용도의 범위가 넓다. 압전체에 교류전압을 가하면 초음파를 발생시킬 수 있으며, 역으로 초음파에 의한 진동을 검지하여 교류전압을 발생시키는 것이 가능하다. 그러므로 압전체는 초음파의 발생원으로도, 초음파를 검출하는 초음파 센서로도 사용된다. 초음파 진단, 수중 탐측, 어군 탐지, 탐상(探傷) 센서 등에 응용되고 있다. 주요 재료로는 수정, PZT(타이타늄산 지르콘산납) 등이 있다.

• 액면(液面) 센서 5-자동차

수위, 액면의 위치 등을 검출한다. 주변에서 사용되고 있는 것으로는 자동차에서 가솔린의 잔여량을 표시해 주거나 목욕탕의 욕조, 세탁기의 수량을 나타내는 것 등이 있다.

• 어군 탐지 2-귀와 청각, 5-재료검사 후반부

압전체로부터 초음파를 발사한 후 어군에 반사되어 되돌아오는 초음파를 다시 압전체로 감지함으로써 어군의 위치나 움직임 등을 알 수 있다. 어군에 따라 밀집하는 깊이나 반사파의 특성 등이 다르기 때문에 어업종별이나 어종별로 다양하게 개발되고 있다. → 초음파 센서

• Acoustic Emission(AE) 2-귀와 청각 후반부, 5-재료검사 후반부

물체 내부에 미소한 균열이 생성되고, 이것이 진전되어 파괴에 이르는 과정에서 음향이 발생되어 전파되는 현상. AE음의 성질이나 발생의 위치 상황을 조사함으로써 재료나 구조물의 결함, 파괴 등을 인지하고 그 수명이나 건전성을 진단할 수 있다. 또 땅속에 AE 센서를 설치하여 암반의 파괴를 감지함으로써 지진 발생 등의 예측에 활용할 수 있다. AE음으로는 통상 초음파 영역을 측정한다. 따라서 AE 센서는 초음파 센서와 마찬가지로 압전체가 사용된다.

• NTC서미스터 3-1-i

저항이 온도 상승에 수반하여 감소하는 음(-)의 온도특성을 갖는 서미스터(감온 저항체)를 말한다. NTC는 Negative Temperature Coefficient의 약어이지만 보통 서미스터라고 하면 NTC서미스터를 가리키는 경우가 많다. 철, 망가니즈, 니켈 등 천이금속의 화합물로 만들어진다. 미소한 온도 변화를 검출하여 전기저항으로 변환하는 것이 가능하기 때문에 각종 공업계측, 자동차, 가전제품 등에 많이 이용되고 있다.

• 연기 센서, 연기 감지기 5-보안과 방재

연기의 존재를 검지한다. 공기분자 이온의 움직임의 변화를 통해 공기 중 연기의 존재를 검출한다. 또 연기 입자에 의해 산란하는 빛을 체크하거나 연기를 통과한 빛의 감쇠(減衰)를 체크하는 광학적인 검출 방법도 있다. 화재검지기에 많이 이용된다.

• 연소 센서

불완전연소를 방지하기 위해 연소 상태를 검지하는 센서. 산소결핍 상태를 검출하는 경우가 많다. 실내에 직접 연소 배기가스를 배출하는 가스 스토브 등에서는 지르코니아 등을 이용한 산소 센서를 부착하여 산소결핍 상태 및 불완전연소를 검지하고 있다.

• 열센서 5-보안과 방재

온도나 적외선을 감지함으로써 열을 검출하는 센서. 화재경보기 등에 이용된다. → 온도 센서, 적외선 센서

• 온도 센서 2-피부와 촉각, 3-1, 3-3-i, 5-보안과 방재, 5-재료검사 후반부

온도를 검출한다. 세라믹스를 사용한 것으로는 온도에 따른 전기저항의 변화를 이용한 서미스터나 자기적 성질이 변화하는 감온 페라이트, 온도 변화에 의해 전압이 발생하는 초전체를 이용하는 것 등이 있다.

•위치 센서 5-자동차

대상물의 위치를 검출한다. 대상물까지의 거리를 측정해서 위치를 아는 것이 가능하기 때문에 위치 센서 또는 거리 센서라고도 불린다. 빛이나 초음파를 이용하는 경우가 많다. 로봇 등에서 스스로의 위치를 검지하는 데도 이용될 수 있다.

• 유전성, 유전체 3-3

재료에 전압을 인가했을 때 재료 내부의 양, 음의 전하가 평형위치로부터 약간씩 벗어나며, 전압을 제거하면 다시 원래의 위치로 돌아가는 성질. 도전체에서는 전압을 가하고 있는 동안은 전류가 계속 흐르지만, 유전체의 경우는 전압을 가하거나 제거하는 순간에만 전류가 흐르며 전압을 계속 가해도 전류가 계속 흐르지는 않는다. 유전체는 강유전성, 초전성, 압전성 등 센서 기능으로서 유용한 성질을 갖는 경우가 많기 때문에 널리 이용되고 있다.

• 음향광학 효과 〈그림 4-2〉

물질에 초음파 진동을 주면 물질 내에 소밀파(疏密波)가 발생하여 빛이 회절하거나 반사되는 현상. 이 현상을 이용하여 초음파를 빛으로 검출하거나(초음파 센서), 빛의 방향 또는 강도를 초음파 진동으로 제어할 수 있다.

• 이온 센서 2-혀와 미각, 5-화학 프로세스

특정 이온에 감응하는 이온 선택성 전극을 이용해서 이온의 종류나 농도를 검출한다. 대표적으로 수소 이온에 감응하는 글라스 전극을 이용한 pH 미터가 있다.

• 이온 전도성 3-2

이온의 이동에 의해서 전기가 통하는 성질. 이에 비해 전자나 정공의 이동에 의해서 전기가 통하는 경우를 전자전도라 한다. 비교적 낮은 온도에서도 큰 이온 전도성을 나타내는 물질은 특히 고체 전해질이라고도 불린다. 고체 전해질 양단에 있어서 전도 이온의 농도비를 전위차로 검출함으로써 센서에 응용할 수 있다. 산소 이온 전도성을 나타내는 안정화 지르코니아를 이용한 산소 센서가 대표적인 예다. 이 외에도 플루오린 이온이 이동하는 플루오린화란타넘 등 여러 가지 이온 센서가 있다.

• 이미지(Image) 센서

점(Dot)에 의해 화상을 그림으로서 인식하는 광전 변환장치. 2차원의 화상정보를 전기신호로 변환한다. 광센서의 응용으로서 팩시밀리 등에도 사용되고 있다.

• 자기광학 효과 〈그림 4-2〉

결정에 자기장을 인가하면 복굴절이 생기는 효과.

• 자기 센서 5-가전제품, 〈그림 2-9〉

자기장의 존재 및 변화 등을 검출한다. 홀(Hole)소자, 자기저항소자라 불리는 소자에 의해 전기적인 출력을 얻는다.

• 자기저항소자 2-인간의 육감이란

반도체소자의 일종으로 자기장을 걸면 전기저항이 변한다. 자기 센서로서 자기장 강도의 계측 외에 위치나 변위, 속도의 계측에도 응용되고 있다.

• 적외선 센서 2-눈과 시각

적외선에 의한 온도 상승을 전압의 변화로서 검출하는 것이 가능하며 초전체를 이용하는 경우가 많다. 적외선을 감지함으로써 온도 및 열 센서나 침입자검지 센서 등에 이용될 수 있다. 이 외에 서미스터를 사용하여 적외선을 검지하는 방법도 있다. 또 광학적으로는 반스토크스 법칙에 의해 눈에 보이지 않는 적외광을 가시광으로 변환시키는 것도 가능하다.

• 적정형(滿定型) 센서 3-2-ii

지르코니아를 사용한 산소 센서의 일종으로 주로 산소결핍 센서(산소의 결핍을 감지하는 센서)로서 이용된다. 일정 용적 내에 존재하는 산소를 끌어내기 위해 요구되는 전기량을 적산함으로써 산소 가스 농도를 알아낼 수 있다. 이 방법은 화학분석에 있어서 중화적정(中和商定)의 수법을 적용한 것이기 때문에 적정형 센서라 부른다.

• 전기광학 효과 4-iv, 〈그림 4-2〉

결정에 전기장을 가할 때 복굴절이 생기는 성질. 전기장을 제거해도 복굴절 현상이 남는 것과 남지 않는 것이 있으며 각각의 성질을 이용하여 각종 광센서 또는 광기억소자로서 사용된다. 전기광학 효과를 보이는 재료로는 PLZT라 불리는 투광성 압전 세라믹스가 있다.

• 지구 센서

지구의 위치를 검출하는 센서로서 인공위성이 제 위치를 유지하도록 하기 위해 사용된다. 지구가 방사하는 극히 약한 적외선을 감지해서 위치를 검출한다. 적외선의 검출에는 서미스터가 이용되고 있지만 타이타늄산납계 세라믹스를 사용한 고정도(高精度)의 초전형 적외선 센서도 개발되고 있다.

• 진동 센서 2-귀와 청각, 3-3-ii, 5-보안과 방재

진동을 감지한다. 주로 압전체가 이용되며 기계적 진동을 전기적 진동으로 변환하여 검출한다.

• 초전성, 초전 효과 2-눈과 시각, 3-3-i, 5-보안과 방재

온도의 급변에 의해 전압이 발생하는 성질. 초전성을 보이는 물질을 초전체, 초전체를 사용한 센서를 초전 센서라 한다. 온도 센서뿐만 아니라 적외선 센서로도 이용되고 있다.

• 초음파 진단 2-귀와 청각, 3-3-ii, 5-의료진단

대상물 내에 초음파를 발신하여 투과량이나 반사파, 공진하는 주파수 등을 측정함으로써 물질의 강도나 내부의 흠과 같은 상태를 알 수 있다. 초음파의 발신 및 수신에는 압전체가 이용된다. 구조물이나 기계 등에 있어서 내부의 흠을 조사하는 탐상 센서나 재료의 강도를 조사하는 비파괴 검사 등에 활용되고

있다. 또 CT스캐너, 태아 진단 등 의료용 진단에도 사용된다.

• 초음파 센서 2-귀와 청각, 3-3-ii, 5-보안과 방재

초음파(가청 영역을 넘는 진동수를 갖는 음파)를 검출한다. PZT(타이타늄산 지르콘산납) 등의 압전체로 초음파 진동을 감지하여 전기적 신호로 변환한다. 초음파 진단 외에 거리 센서, 진동 및 충격 센서 등으로서 용도의 범위가 매우 넓다.

• 촉각 센서 2-피부와 촉각 후반부, 5-로봇

인간의 촉각에 상당하는 센서. 압전체로 충격을 감지하는 방법 등을 이용한다.

• 충격 센서 3-3-ii, 5-의료진단

급격한 힘이나 압력의 변화를 감지할 수 있는 압전체가 이용된다. 유리에 부착하여 진동이나 충격을 감지하도록 함으로써 방범용 등으로 활용될 수 있다.

• 침입자 검지 센서 2-눈과 시각, 5-보안과 방재, 〈그림 3-33〉

인체로부터 방사되는 적외선을 초전체로 검지하는 초전형 적외선 센서가 일반적이다. 방범용에 국한하지 않고 방문객의 검지에도 사용된다. 이 경우 반사되어 되돌아오는 초음파의 이상 상태로부터 검지하는 방법도 있다.

• 퀴리온도 3-1-i, 3-4 후반부

철산화물의 페리 자성체나 강자성체가 자성을 잃어버리는 온

도 또는 강유전체에서 자발(自發) 분극이 없어지는 온도.

• 탐상(探傷) 센서 2-귀와 청각

기계 부품이나 구조재 등의 내부에 있는 흠을 초음파를 이용하여 조사하는 초음파 진단의 한 예. 표면으로부터 물질 내부로 발신된 초음파는 흠이나 이상이 있는 곳에서 반사되거나 흡수되어 수신파에 변화가 나타나게 되는데, 이 결과를 분석함으로써 흠이 있는 위치나 상태를 판별할 수 있다.

• 터치 센서 5-가전제품

미약한 접촉에도 감응하는 센서로서 압전체를 사용한 것이 많다. 스위치나 키보드 등에 이용되며 가벼운 터치로 응답이 얻어지도록 되어 있다.

• 트랜스듀서

변환기. 입력신호를 다른 형태의 출력신호로 변환하는 장치로서 센서의 일종이라고도 말할 수 있다. 마이크로폰, 레코드 플레이어의 픽업, 도어벨 등도 트랜스듀서의 예가 된다.

• 페라이트 2-피부와 촉각, 3-4

산화철과 다른 산화물로 구성되는 철계산화물 자성 재료. 페라이트가 되는 결정구조에는 몇몇 종류가 있지만 스피넬 구조가 잘 알려져 있다. 페라이트계 자성체에서는 구성성분의 종류나 구성비를 바꿈으로써 그 자기적 성질을 변화시킬 수 있는 장점이 있다. 예를 들면 페라이트 고용체의 화학조성을 조정하여 퀴리온도를 변화시킬 수 있는 것 등은 온도 센서로서 페라이트를 이용하는 경우에 유효한 점이다.

• pH 미터 2-인간의 육감이란 후반부

수용액 중의 수소 이온 농도를 측정한다. 측정에 사용되는 글라스 전극은 수소 이온에만 감응하는 일종의 이온 센서이다.

• 포토 크로미즘(Photo-Chromism) 4-광학적 성질

빛의 조사에 의해 물질 내에 변화가 일어나 착색되는 효과를 말한다. 사진의 현상 과정이 바로 이것에 해당되지만, 세라믹스에서는 은을 함유하는 글라스에 빛이 닿으면 은콜로이드가 생성되어 착색되는 현상이 있다. 자외선계(미터)나 창유리, 선글라스 등에 사용된다.

• 포토 다이오드(Photo-Diode) 4-ii

2개의 반도체 접합에 의해 만들어지는 다이오드를 사용하여 빛(Photo)을 검출한다. 광센서는 빛이 닿으면 전력이 발생하는 광기전력 효과를 이용한 것으로서 연기 센서나 카메라의 자동노출 등에 사용된다. 태양전지에도 이 원리가 응용되고 있다.

• 플루오린 센서 3-2-i 후반부, 5-화학 프로세스

농담전지의 원리를 응용하여 용액 중의 플루오린 이온 농도를 검출한다. 플루오린화란타넘(LaF_3)은 플루오린 이온이 잘 움직이는 고체전해질로서 물에 녹기 어렵기 때문에 수중에서의 격벽으로 이용된다. 표준 용액과의 사이에 생기는 기전력을 측

정함으로써 미지 용액 중의 플루오린 이온 농도를 알 수 있다.

반도체에 있어서 도전율의 산소분압 의존성을 이용하는 것으로, 기전력의 측정으로 산소 농도를 결정하는 지르코니아 산소 센서, 적정형 산소결핍 센서 등 여러 종류가 개발되고 있다.

• Piezo Igniter 〈그림 3-34〉

압전착화소자. Piezo라는 것은 압력에 관계되는 현상에 사용되는 말이다. 압전체에 순간적으로 힘을 가하여 발생되는 전압을 불꽃방전시키는 장치로, 가스 기구의 점화장치나 라이터 등에 사용되고 있다.

• p-n 접합 3-1-iv, 4-ii 후반부

p형 반도체와 n형 반도체의 접합. 통상 단일 반도체 중에서 p형 영역과 n형 영역이 서로 접하고 있는 부분의 것을 말한다. 광센서의 하나인 Photo Diode에 사용되고 있다. 또 p형과 n형의 두 반도체를 기계적으로 접합시킨 것으로 습도 센서에 응용되고 있는 것도 있다.

• PTC서미스터, PTC특성 〈그림 2-7〉, 〈그림 3-6〉

온도가 상승하면 저항이 증가하는 양(+)의 저항온도 특성을 갖는 서미스터. PTC는 Positive Temperature Coefficient의 약어. 퀴리점 부근에서 급격히 저항이 증대하는 반도성 타이타늄산바륨의 성질을 PTC특성이라 부르며, 온도 센서와 더불어 온도 컨트롤 기능도 겸비한 소자로서 가전제품에 많이 사용되고 있다.

• 형광성, 형광체 4-광학적 성질, 4-iii

전자선이나 자외선 또는 가시광선이나 적외선 등을 흡수하여 별도의 빛으로 변환해서 방사하는 기능을 형광성이라 한다. 가시영역 이외의 빛을 가시광으로 변환하는 등 광센서로서 이용되고 있다.

• 화학 센서

특정 화학물질을 식별, 계측하여 전기신호로 변환한다. 인간의 코나 혀에 해당하며 가스나 이온이 검출 대상이다. 이에 반해 소리나 빛에 감응하는 것을 물리 센서라 한다.

• 화재 센서, 화재 검지 3-1-i 후반부, 3-3-i, 〈그림 5-4〉

화재 시 발생하는 열이나 연기를 감지함으로써 화재의 발생을 알 수 있다. → 열 센서, 연기 센서

• 환경 센서

온도, 습도, 가스, 연기 등 장치를 둘러싸는 기체, 액체의 상태를 체크할 수 있는 센서. 갖가지 환경에 노출되어 사용되는 경우가 많기 때문에 내열성, 내식성, 내구성 등이 요구된다.

맺는말

—기능성 세라믹스의 개발 방향—

파인 세라믹스는 크게 나누어 구조용 세라믹스와 기능성 세라믹스로 분류할 수 있다. 구조용 세라믹스란 엔진 부품이나 절삭 공구로서 사용하는 것이다. 여기서는 세라믹스의 3대 특징인 '단단하고', '타지 않고', '부식하지 않는' 성질이 이용되고 있다. 반면에 기능성 세라믹스란 IC기판이나 콘덴서, 자기테이프, 촉매, 센서와 같이 다채로운 기능을 보이는 것을 말한다. 구조용 세라믹스는 내구성이 좋고 신뢰성이 있어야 하며, 기능성 세라믹스는 내구성뿐만 아니라 감성도 양호하며 두뇌도 좋아야 할 것이다. 두뇌가 좋은 재료는 세라믹스 이외에도 많이 있지만 내구성까지 겸비한 기능성 세라믹스뿐이다.

파인 세라믹스의 연구개발에 관한 국제적인 상황을 살펴보면 유럽이 구조용 세라믹스에 전력하는 데 반해 일본은 기능성 세라믹스 쪽에 비중을 두고 있다. 구조용 세라믹스가 아직 자동차 엔진으로서 널리 실용화되지 못했기에 유럽에서는 세라믹스에 대한 인식이 큰 편이라고는 할 수 없을 것이다. 이에 반해 기능성 세라믹스 쪽은 이미 전자제품으로서 눈부신 성과를 올리고 있다. 세라믹스에 '황금 알을 낳는 거위'라는 이미지가 정착됨에 따라 일본에서는 세라믹스가 신소재 중에서도 특히 기대를 모으고 있다.

기능성 세라믹스의 용도가 주로 개인 생활과 관계가 깊은 민생용이라는 점은 재료의 발전을 위해 매우 다행한 일이라고 할 수 있다. 사용자가 일반인이라는 사실은 일반 사람들의 지혜가 사용자의 의견으로서 결집되고 있다는 것을 의미한다. 일본과 같이 교육 수준이 높은 나라에서는 천재 한 사람의 지혜에 의존하기보다는 많은 수재들의 집적된 지혜를 이용하는 편이 보다 낫다고 할 수 있다. 일반인의 요구 사항이 많은 사람의 지혜로 만들어지는 것은 매우 바람직한 일로 그만큼 진보도 빠를 것이다.

파인 세라믹스의 진전은 매우 급속해질 전망이다. 아직 엔진용 세라믹스가 큰 기여를 하지는 못했으므로 기능성 세라믹스가 파인 세라믹스의 성장을 주도했지만 그 발전상은 매우 눈부시다. 기능성 세라믹스 중에서도 특히 이 책에서 취급한 센서에 대한 기대가 크다. 새로운 기술의 원천이 센서로서의 세라믹스에 있다고 생각되기 때문이다.

또 세라믹 센서는 신소재 개발의 일익을 담당하고 있다. 그러나 단순히 기존 재료의 대체품으로서 기대되고 있는 것은 아니다. 인간에 비유해서 말한다면 철이나 시멘트와 같은 재료는 몸통에 해당한다고 할 수 있다. 그것은 양적인 면에서 수요가 크기 때문에 나름대로 주요한 것이다. 반면 컴퓨터는 두뇌, 센서는 눈, 귀, 코, 혀, 피부와 같은 오관에 대응한다. 인간은 이들 오관 없이는 충분히 지적인 활동을 할 수 없다. 이제까지의 소재 개발에 대한 사고방식대로라면 이들 오관의 기능을 갖는 센서를 개발한다 해도 양적인 의미에서의 성장은 미약하다고 할 수밖에 없다. 제품에 대한 매상도 큰 것이 아니기 때문에 자연히 이에 대한 연구도 소홀해질 수밖에 없는 것이다. 그러나 아무리 양적으로 적다고 해도 그것이 없다면 본체도 활동할 수 없게 되는 Key와 같은 역할을 하는 것이 있다. 새로운 시스템디바이스 또는 기술의 관건이 되는 재료, 그것을 지은이는 Key Material이라 칭하고 있다. 센서에 사용되는 세라믹스가 바로 Key Material이다. 감지 능력을 갖는 세라믹스가 없다면 아무리 두뇌가 좋은 컴퓨터를 만든다 해도 컴퓨터가 무엇을 생각해야 할지 모를 것이다.

일본에서는 이제 몸의 몸통 부분에 해당하는 소재를 대량 생산할 여지는 없을 것이다. 필요한 최소한의 양 정도만 생산하면 될 것이다. 신소재는 몸통 부분의 재료에 절실한 것은 아니기 때문이다. 오관의 기능을 가지며 첨단기술의 관건이 되는 재료는 지식 집약에 의해서 개발되는 것이다. 양적인 수요는 적지만 이들의 기능은 다채롭다. 일본과 같이 경험이 풍부하고 교육 수준도 높지만 자원이 부족하고 국토도 넓지 못한 나라가 살아갈 방법은, 세라믹 센서와 같이 많은 수재의 지식을 집적하는 연구개발에 전력하는 것이라 할 수 있다.

이 책의 그림에 대한 아이디어는 『파인 세라믹스』에 이어 야마요시(山吉惠子) 양에게 부탁했으며 원고의 정서와 정리는 가와지마(川島優子) 양에게 도움을 받았다. 이 두 사람과 함께 두 책을 완성할 수 있게 된 것을 지은이는 매우 기쁘게 생각한다. 아울러 계속하여 집필의 기회를 제공해 준 고단샤의 오에(大江千尋) 씨께 감사의 말씀을 전하고 싶다.

야나기다 히로아키

세라믹 센서

오감을 초월하는 지능소자

1 쇄 2018년 09월 21일

지은이 야나기다 히로아키
옮긴이 이능헌
펴낸이 손영일
펴낸곳 전파과학사
주소 서울시 서대문구 증가로 18, 204호
등록 1956. 7. 23. 등록 제10-89호
전화 (02)333-8877(8855)
FAX (02)334-8092
홈페이지 www.s-wave.co.kr
E-mail chonpa2@hanmail.net
공식블로그 http://blog.naver.com/siencia
ISBN 978-89-7044-837-4 (03420)

도서목록

현대과학신서

A1 일반상대론의 물리적 기초
A2 아인슈타인 I
A3 아인슈타인II
A4 미지의 세계로의 여행
A5 천재의 정신병리
A6 자석 이야기
A7 러더퍼드와 원자의 본질
A9 중력
A10 중국과학의 사상
A11 재미있는 물리실험
A12 물리학이란 무엇인가
A13 불교와 자연과학
A14 대륙은 움직인다
A15 대륙은 살아있다
A16 창조 공학
A17 분자생물학 입문 I
A18 물
A19 재미있는 물리학 I
A20 재미있는 물리학II
A21 우리가 처음은 아니다
A22 바이러스의 세계
A23 탐구학습 과학실험
A24 과학사의 뒷얘기 1
A25 과학사의 뒷얘기 2
A26 과학사의 뒷얘기 3
A27 과학사의 뒷얘기 4
A28 공간의 역사
A29 물리학을 뒤흔든 30년
A30 별의 물리
A31 신소재 혁명
A32 현대과학의 기독교적 이해
A33 서양과학사
A34 생명의 뿌리
A35 물리학사
A36 자기개발법
A37 양자전자공학
A38 과학 재능의 교육
A39 마찰 이야기
A40 지질학, 지구사 그리고 인류
A41 레이저 이야기
A42 생명의 기원
A43 공기의 탐구
A44 바이오 센서
A45 동물의 사회행동
A46 아이작 뉴턴
A47 생물학사
A48 레이저와 홀러그러피
A49 처음 3분간
A50 종교와 과학
A51 물리철학
A52 화학과 범죄
A53 수학의 약점
A54 생명이란 무엇인가
A55 양자역학의 세계상
A56 일본인과 근대과학
A57 호르몬
A58 생활 속의 화학
A59 셈과 사람과 컴퓨터
A60 우리가 먹는 화학물질
A61 물리법칙의 특성
A62 진화
A63 아시모프의 천문학 입문
A64 잃어버린 장
A65 별· 은하 우주

도서목록

BLUE BACKS

1. 광합성의 세계
2. 원자핵의 세계
3. 맥스웰의 도깨비
4. 원소란 무엇인가
5. 4차원의 세계
6. 우주란 무엇인가
7. 지구란 무엇인가
8. 새로운 생물학(품절)
9. 마이컴의 제작법(절판)
10. 과학사의 새로운 관점
11. 생명의 물리학(품절)
12. 인류가 나타난 날 I (품절)
13. 인류가 나타난 날II(품절)
14. 잠이란 무엇인가
15. 양자역학의 세계
16. 생명합성에의 길(품절)
17. 상대론적 우주론
18. 신체의 소사전
19. 생명의 탄생(품절)
20. 인간 영양학(절판)
21. 식물의 병(절판)
22. 물성물리학의 세계
23. 물리학의 재발견〈상〉
24. 생명을 만드는 물질
25. 물이란 무엇인가(품절)
26. 촉매란 무엇인가(품절)
27. 기계의 재발견
28. 공간학에의 초대(품절)
29. 행성과 생명(품절)
30. 구급의학 입문(절판)
31. 물리학의 재발견〈하〉
32. 열 번째 행성
33. 수의 장난감상자
34. 전파기술에의 초대
35. 유전독물
36. 인터페론이란 무엇인가
37. 쿼크
38. 전파기술입문
39. 유전자에 관한 50가지 기초지식
40. 4차원 문답
41. 과학적 트레이닝(절판)
42. 소립자론의 세계
43. 쉬운 역학 교실(품절)
44. 전자기파란 무엇인가
45. 초광속입자 타키온
46. 파인 세라믹스
47. 아인슈타인의 생애
48. 식물의 섹스
49. 바이오 테크놀러지
50. 새로운 화학
51. 나는 전자이다
52. 분자생물학 입문
53. 유전자가 말하는 생명의 모습
54. 분체의 과학(품절)
55. 섹스 사이언스
56. 교실에서 못 배우는 식물이야기(품절)
57. 화학이 좋아지는 책
58. 유기화학이 좋아지는 책
59. 노화는 왜 일어나는가
60. 리더십의 과학(절판)
61. DNA학 입문
62. 아몰퍼스
63. 안테나의 과학
64. 방정식의 이해와 해법
65. 단백질이란 무엇인가
66. 자석의 ABC
67. 물리학의 ABC
68. 천체관측 가이드(품절)
69. 노벨상으로 말하는 20세기 물리학
70. 지능이란 무엇인가
71. 과학자와 기독교(품절)
72. 알기 쉬운 양자론
73. 전자기학의 ABC
74. 세포의 사회(품절)
75. 산수 100가지 난문·기문
76. 반물질의 세계
77. 생체막이란 무엇인가(품절)
78. 빛으로 말하는 현대물리학
79. 소사전·미생물의 수첩(품절)
80. 새로운 유기화학(품절)
81. 중성자 물리의 세계
82. 초고진공이 여는 세계
83. 프랑스 혁명과 수학자들
84. 초전도란 무엇인가
85. 괴담의 과학(품절)
86. 전파는 위험하지 않은가
87. 과학자는 왜 선취권을 노리는가?
88. 플라스마의 세계
89. 머리가 좋아지는 영양학
90. 수학 질문 상자

91. 컴퓨터 그래픽의 세계
92. 퍼스컴 통계학 입문
93. OS/2로의 초대
94. 분리의 과학
95. 바다 야채
96. 잃어버린 세계·과학의 여행
97. 식물 바이오 테크놀러지
98. 새로운 양자생물학(품절)
99. 꿈의 신소재·기능성 고분자
100. 바이오 테크놀러지 용어사전
101. Quick C 첫걸음
102. 지식공학 입문
103. 퍼스컴으로 즐기는 수학
104. PC통신 입문
105. RNA 이야기
106. 인공지능의 ABC
107. 진화론이 변하고 있다
108. 지구의 수호신·성층권 오존
109. MS-Window란 무엇인가
110. 오답으로부터 배운다
111. PC C언어 입문
112. 시간의 불가사의
113. 뇌사란 무엇인가?
114. 세라믹 센서
115. PC LAN은 무엇인가?
116. 생물물리의 최전선
117. 사람은 방사선에 왜 약한가?
118. 신기한 화학 매직
119. 모터를 알기 쉽게 배운다
120. 상대론의 ABC
121. 수학기피증의 진찰실
122. 방사능을 생각한다
123. 조리요령의 과학
124. 앞을 내다보는 통계학
125. 원주율 π의 불가사의
126. 마취의 과학
127. 양자우주를 엿보다
128. 카오스와 프랙털
129. 뇌 100가지 새로운 지식
130. 만화수학 소사전
131. 화학사 상식을 다시보다
132. 17억 년 전의 원자로
133. 다리의 모든 것
134. 식물의 생명상
135. 수학 아직 이러한 것을 모른다
136. 우리 주변의 화학물질
137. 교실에서 가르쳐주지 않는 지구이야기
138. 죽음을 초월하는 마음의 과학
139. 화학 재치문답
140. 공룡은 어떤 생물이었나
141. 시세를 연구한다
142. 스트레스와 면역
143. 나는 효소이다
144. 이기적인 유전자란 무엇인가
145. 인재는 불량사원에서 찾아라
146. 기능성 식품의 경이
147. 바이오 식품의 경이
148. 몸 속의 원소 여행
149. 궁극의 가속기 SSC와 21세기 물리학
150. 지구환경의 참과 거짓
151. 중성미자 천문학
152. 제2의 지구란 있는가
153. 아이는 이처럼 지쳐 있다
154. 중국의학에서 본 병 아닌 병
155. 화학이 만든 놀라운 기능재료
156. 수학 퍼즐 랜드
157. PC로 도전하는 원주율
158. 대인 관계의 심리학
159. PC로 즐기는 물리 시뮬레이션
160. 대인관계의 심리학
161. 화학반응은 왜 일어나는가
162. 한방의 과학
163. 초능력과 기의 수수께끼에 도전한다
164. 과학·재미있는 질문 상자
165. 컴퓨터 바이러스
166. 산수 100가지 난문·기문 3
167. 속산 100의 테크닉
168. 에너지로 말하는 현대 물리학
169. 전철 안에서도 할 수 있는 정보처리
170. 슈퍼파워 효소의 경이
171. 화학 오답집
172. 태양전지를 익숙하게 다룬다
173. 무리수의 불가사의
174. 과일의 박물학
175. 응용초전도
176. 무한의 불가사의
177. 전기란 무엇인가
178. 0의 불가사의
179. 솔리톤이란 무엇인가?
180. 여자의 뇌·남자의 뇌
181. 심장병을 예방하자